U0370700

单片机应用技术实训

主　编　张宏伟　李新德

副主编　孙志强　王　远　张怀英

主　审　汪　洋

北京理工大学出版社

BEIJING INSTITUTE OF TECHNOLOGY PRESS

内 容 简 介

本书共安排 15 个工作任务：任务 1 单灯闪烁；任务 2 把程序写入单片机；任务 3 WAVE6000 的使用；任务 4 流水灯；任务 5 按键控制 LED 灯；任务 6 复杂花样彩灯；任务 7 计数器；任务 8 BCD 码相加；任务 9 键控双向流水灯；任务 10 按键改变速度的流水灯；任务 11 交通信号灯；任务 12 串行通信；任务 13 矩阵键盘与动态数码管显示；任务 14 简易电压表硬件知识；任务 15 简易数控电源，同时给出各任务相应的电路原理图和参考程序。

本书适应高职高专机电专业师生选用。

图书在版编目(CIP)数据

单片机应用技术实训/张宏伟，李新德主编. —北京：北京理工大学出版社，2020.9 重印

ISBN 978－7－5640－3497－9

Ⅰ. ①单…　Ⅱ. ①张…②李…　Ⅲ. ①单片微型计算机－高等学校：技术学校－教材　Ⅳ. ①TP368.1

中国版本图书馆 CIP 数据核字(2010)第 144914 号

出版发行／北京理工大学出版社
社　　址／北京市海淀区中关村南大街 5 号
邮　　编／100081
电　　话／(010)68914775(办公室)　68944990(批销中心)　68911084(读者服务部)
网　　址／http：// www. bitpress. com. cn
经　　销／全国各地新华书店
印　　刷／北京虎彩文化传播有限公司
开　　本／710 毫米×1000 毫米　1/16
印　　张／10
字　　数／184 千字　　　　责任编辑／张玉荣
版　　次／2020 年 9 月第 1 版 第 6 次印刷　　　　责任校对／张沁萍
定　　价／29.00 元　　　　责任印制／边心超

前　言

自 20 世纪 70 年代以来，单片机技术作为微型计算机技术的一个分支，在工业控制、仪器仪表、航空航天、家用电器等领域的应用越来越广泛，功能也越来越完善。单片机应用的意义不仅在于它的应用范围广泛，更重要的是它从根本上改变了传统的控制系统设计思想和方法，使用单片机通过软件来实现硬件电路的大部分功能，简化了硬件电路结构，并实现了智能化的控制。

本教材的编写思路是便于学生入门，不仅仅是一本实训指导书，同时也是一本单片机应用技术教材。在编写上以任务为驱动，通过实训任务的学习串联起单片机教学的主要内容，在实现工作任务的同时完成了理论教学与实践技能的培养。不追求理论的完整性，而是依据学生在工作中、在任务的完成中的认知规律，安排教学内容。随着逐个任务的完成，构建了单片机应用技术的理论与知识体系，充分体现了以具体工作过程为导向，以任务为驱动，在“做”中“学”的特点，具有鲜明的高职教材特色。

全书共安排了 15 个工作任务：任务 1 单灯闪烁；任务 2 把程序写入单片机；任务 3 WAVE6000 的使用；任务 4 流水灯；任务 5 按键控制 LED 灯；任务 6 复杂花样彩灯；任务 7 计数器；任务 8 BCD 码相加；任务 9 键控双向流水灯；任务 10 按键改变速度的流水灯；任务 11 交通信号灯；任务 12 串行通信；任务 13 矩阵键盘与动态数码管显示；任务 14 简易电压表硬件知识；任务 15 简易数控电源，同时给出各任务相应的电路原理图和参考程序。

本书由张宏伟，李新德任主编；由孙志强，王远，张怀英任副主编并参加编写；由汪洋统稿并主审。

由于编者水平有限，书中不足之处恳请使用本书读者批评指正。

编　者

目　录

任务1

单片机应用技术实训
DANPIANJIYINGYONGJISHUSHIXUN

单灯闪烁

本任务以一个会闪光的灯来介绍最简单的单片机电路，通过本任务的练习，读者可以了解一个最简单的单片机应用电路的组成。

◎ 任务目的

(1) 了解单片机最小系统。

(2) 了解 I/O 端口的输出功能。

(3) 了解汇编语言与机器语言。

◎ 任务描述

(1) 组装单片机实验板。

(2) 控制 1 个发光二极管（LED）闪光。

硬件知识

1. 硬件电路原理图

本书中全部实训都是使用同一块实验板，其电路原理图如图 1-1 所示。

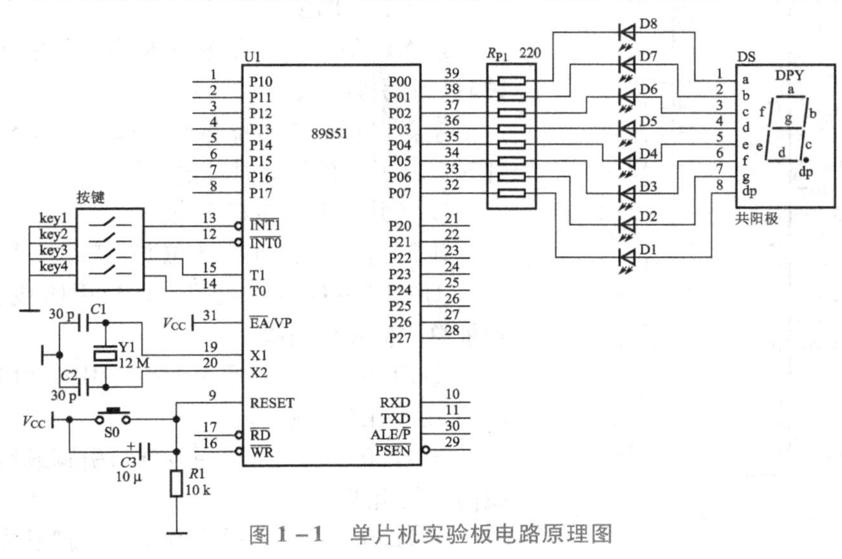

图 1-1　单片机实验板电路原理图

2. MCS－51 系列单片机

MCS－51 系列单片机是 Intel 公司开发的非常成功的产品，具有性能价格比高、稳定、可靠、高效等特点。自从开放技术以来，不断有其他公司生产各种与 MCS－51 兼容或者具有 MCS－51 内核的单片机。MCS－51 已成为当今 8 位单片机中具有事实上的“标准”意味的单片机，应用很广泛。

MCS－51 系列单片机采用模块化设计，各种型号的单片机都是在 8051（基本型）的基础上通过增、减部件的方式获得的。有 8031、8751、8052、8752 等品种。

3. 89S51 单片机

AT89S51 是美国 ATMEL 公司生产的低功耗、高性能 CMOS 8 位单片机，兼容标准 8051 单片机的指令系统与引脚，它内部集成的 Flash 程序存储器既可在线编程（ISP）也可以用传统方法编程，使用灵活方便。

89S51 有多种封装形式，本教材中均以 40 引脚的 PDIP（塑料双列直插）封装为例来介绍 89S51 的使用方法。其外观如图1－2 所示。

图 1－2　AT89S51

4. 89S51 的引脚功能

PDIP40 封装的引脚排列如图 1－3 所示。其引脚功能如下：

引脚名	引脚号	引脚号	引脚名
P1.0	1	40	V_{CC}
P1.1	2	39	P0.0
P1.2	3	38	P0.1
P1.3	4	37	P0.2
P1.4	5	36	P0.3
MOST/P1.5	6	35	P0.4
MISO/P1.6	7	34	P0.5
SCK/P1.7	8	33	P0.6
RST/V_{PD}	9	32	P0.7
RXD/P3.0	10	31	$\overline{EA}/V_{PP}$
TXD/P3.1	11	30	ALE/$\overline{PROG}$
$\overline{INT0}$/P3.2	12	29	$\overline{PSEN}$
$\overline{INT1}$/P3.3	13	28	P2.7
T0/P3.4	14	27	P2.6
T1/P3.5	15	26	P2.5
$\overline{WR}$/P3.6	16	25	P2.4
$\overline{RD}$/P3.7	17	24	P2.3
XTAL1	18	23	P2.2
XTAL2	19	22	P2.1
V_{SS}	20	21	P2.0

89S51

图 1－3　89S51 40 引脚配置图

（1）电源及时钟引脚。

① V_{CC}：接 5 V 电源。

② V_{SS}：接地。

③ XTAL1：外接晶振输入端（采用外部时钟时，此引脚接地）。

④ XTAL2：外接晶振输入端（采用外部时钟时，此引脚接外部时钟信号）。

（2）并行 I/O 接口引脚。

共 32 个，分成 4 个 8 位并行口：

① P0. 0 ~ P0. 7：通用 I/O 口引脚或数据/地址总线低 8 位引脚。

② P1. 0 ~ P1. 7：通用 I/O 口引脚（P1. 5 ~ P1. 7 用于在线编程）。

③ P2. 0 ~ P2. 7：通用 I/O 口引脚或地址总线高 8 位引脚。

④ P3. 0 ~ P3. 7：通用 I/O 口引脚或第二功

能引脚。

（3）控制信号引脚。

① RST/*V*pd：复位信号引脚/在 *V*cc 掉电情况下，接备用电源。

② ALE/$\overline{\text{PROG}}$：地址锁存信号引脚/编程脉冲输入引脚。

③ $\overline{\text{EA}}$/*V*pp：内外程序存储器选择信号引脚/编程电压输入引脚。

④ $\overline{\text{PSEN}}$：外部程序存储器选通信信号输入引脚。

在本任务中我们只用到 V_{CC}、V_{SS}、XTAL1、XTAL2、P0 口中的 P0.0、RST、$\overline{\text{EA}}$，这 8 根引脚需要弄清楚，别的引脚在以后的学习中慢慢掌握。

5. 89S51 的时钟电路

单片机是时序逻辑电路，因此工作时需要一个时钟脉冲。单片机的时钟信号通常有两种方式产生：一是内部时钟方式，即使用晶振由内部电路产生时钟脉冲，见图 1－4（a）；二是外部外部时钟方式，即使用外部电路向 89S51 提供时钟脉冲，见图 1－4（b）。本课程使用的实验板采用内部时钟方式。

在图 1－4 中的石英晶体可以使用陶瓷谐振器，但是会造成时钟频率精度和稳定性下降。在使用石英晶体时，电容 *C*1、*C*2 的取值为（30±10）pF，在使用陶瓷谐振器时，电容 *C*1、*C*2 的取值为（40±10）pF。

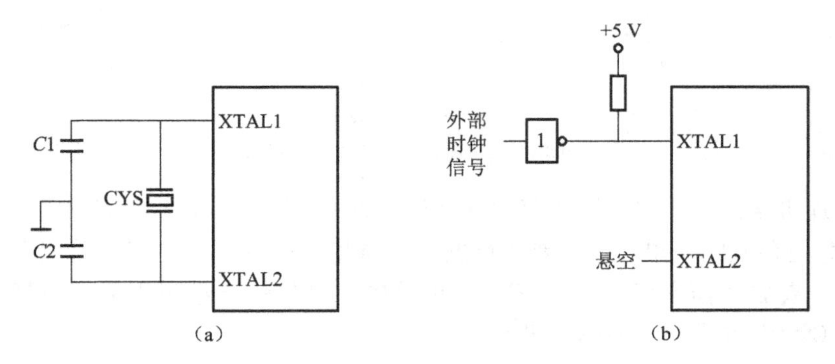

图 1－4 AT89S51 的时钟电路
（a）内部时钟方式；（b）外部时钟方式

6. 关于时序的几个概念

（1）振荡周期：为单片机提供定时信号的振荡源的周期（晶振周期或外接振荡源周期）。

（2）机器周期：12 个振荡周期称为 1 个机器周期，机器周期是单片机完成一次完整的、基本的操作所需要的时间。

（3）指令周期：执行一条指令所需要的时间，指令周期往往有一个或一个以上的机器周期组成。指令周期的长短与指令所执行的操作有关。MCS－51 系列单片机的指令周期为 1、2 或者 4 个机器周期。

例如：外接 12 MHz 晶振时，MCS－51 单片机的 4 个时间周期的具体值为：

振荡周期 = 1/12 μs；

机器周期 = 1 μs；

指令周期 = 1、2、4 μs；

7. 89S51 的复位电路

复位就是使单片机内部各个部件都处于某一个明确的初始状态，并从这个状态开始工作。单片机在开机时或在工作中因干扰而使程序失控或工作中程序处于某种死循环状态等情况下都需要复位。

复位信号由 RESET（RST）引脚输入，高电平有效，在振荡器工作时，只要保持 RST 引脚高电平两个机器周期，单片机即复位，把内部特殊功能寄存器设为规定值，见表 1 - 1。

在具体的应用中，复位电路有两者基本形式：一种是上电复位，另一种是按键与上电复位，电路如图 1 - 5 所示。

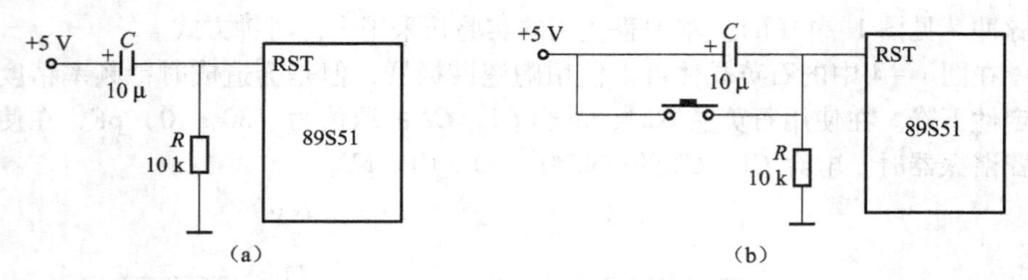

图 1 - 5 复位电路

(a) 上电复位电路；(b) 按键与上电复位

单片机复位时，单片机内部的程序计数器 PC 的内容为 0000H，由于程序计数器 PC 里存放的是单片机将要执行的下一条指令的地址，所以单片机程序的第一条指令要放在程序存储器的 0000H 单元中。复位信号结束以后，CPU 从程序存储器 0000H 单元处开始执行程序。

表 1 - 1 89S51 寄存器初值

寄存器	初值	寄存器	初值	寄存器	初值
PC	0000H	IP	xx000000B	TH0	00H
A	00H	IE	0x000000B	TL0	00H
B	00H	TMOD	00H	SBUF	xxxxxxxx
PSW	00H	TCON	00H	PCON	0xxx0000
SP	07H	SCON	00H	AUXR	xxxxxxx0
DPTR	0000H	TH0	00H	AUXR1	xxxx00x0
P0 ~ P3	0FFH	TL0	00H	WDTRET	xxxxxxxx
注：x 表示原值不变					

表中的这些寄存器我们将逐步去学习掌握，同学们目前不懂也没有关系。

8. 89S51 的 I/O 口

89S51 有 4 个并行 I/O 口，所谓 I/O 口，意思是输入/输出端口。同一根端口引线，即可以做输入端，也可以做输出端。89S51 的这 4 个 I/O 口分别称为 P0、P1、P2、P3，每个都是 8 位 I/O 口，即由 8 根 I/O 口线组成。如 P0 由 P0.0、P0.1、P0.2、P0.3、P0.4、P0.5、P0.6、P0.7 这 8 位组成。4 个 I/O 口各自有自己的特点，任务四中另有介绍，本任务中同学们只需要掌握以下几点：

（1）每个 I/O 口都对应一个 8 位锁存器，锁存器的名称也是 P0 ~ P3，由锁存器的内容控制 I/O 口状态。例如：锁存器 P1 的 3 位——P1.3 为 0，那么对应的 P1.3 引脚就输出低电平；如果锁存器 P1.3 为 1，那么对应的 P1.3 引脚就输出高电平。

（2）P1 ~ P3 口内部有上拉电阻接电源，因此可以输出高、低电平，P0 口在做通用 I/O 口时是 OC 输出，在输出高电平时，输出端是悬空的，需要外接上拉电阻才能输出高电平。在驱动 TTL 或者 CMOS 器件时，必须外接上拉电阻，即通过一个电阻接电源。

（3）在端口做输入时，必须向端口写“1”，即向对应的锁存器写“1”。

（4）从表 1 - 1 可以知道复位时，P0 ~ P3 的内容为 0FFH，即所有外部端口状态都为“1”。

（5）I/O 口的驱动能力。

① 89S51 直接驱动负载时每个端口可驱动的最大灌电流负载（I_{OL}）为 10 mA；每组端口 8 个引脚的总灌电流负载驱动能力为 P0 口 26 mA，P1 ~ P3 口每组 15 mA；4 组（P0、P1、P2、P3）端口，32 个引脚的总灌电流负载驱动能力为 71 mA 。

② 89S51 驱动其他器件时，P0 口可驱动 8 个 LSTTL 负载，其他端口可驱动 4 个 LSTT L 负载。

9. LED 灯硬件电路

图 1 - 1 是一个完整的应用电路，已经接好了电源、地、晶振电路、复位电路、按键（本任务暂时不用）、LED 灯（本任务只用一个）、LED 数码管（本任务暂时不用）。特别需要说明的是：31 脚$\overline{EA}$接电源，这是因为在实验中只使用了 89S51 片内的程序存储器。

由图 1 - 1 中电路原理图可以看到，LED 灯、LED 数码管与限流电阻串联后接 P0 口，当 P0 口输出低电平时，电路中有电流通过，LED 灯与数码管字段同时发光；当 P0 口输出高电平时，LED 灯与数码管字段同时熄灭。在本任务中，我们只控制 1 个 LED，只需要控制 P0.0 的状态就可以控制它所连接的 LED 的亮灭。

由于 P0 口最大灌电流为 8 个口 26 mA，平均每个引脚为 3.2 mA，在 8 个

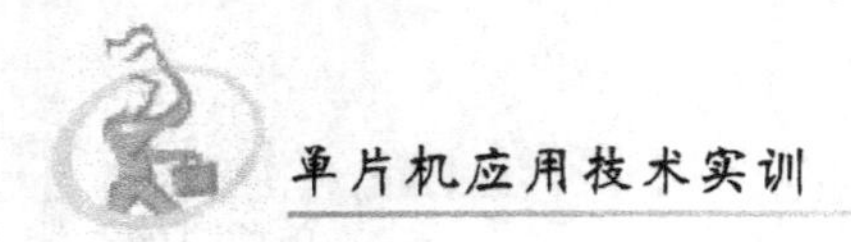

LED同时点亮时，电路中电流不能超过这个数值，否则89S51有损坏的危险。LED中通过的电流为：

$$I=\frac{V_{CC}-2U_{LED}-U_{OL}}{R}=\frac{5-2\times1.8-0}{510}=2.75\ \text{mA}$$

一般情况下，LED的工作电流为5～10 mA，由于89S51端口驱动能力较小，为了简化硬件电路，采用了较小的电流值。实践证明，虽然亮度较低，但是在室内可以看清楚。如果想加大LED工作电流，必须外加驱动电路。

软件知识

1. 相关的指令和伪指令

相关的指令和伪指令见表1－2所示。

表1－2 相关指令

功能	指令	举例	
		指令	功能
按位取反	CPL bit	CPL P0.0	P0.0取反，执行这条指令前如果P0.0为0，执行后变为1，如果执行前为1，执行后变为0
无条件短转移	SJMP 标号	SJMP L1	程序执行到这一条指令，然后转向标号为L1的那一行
定位伪指令	ORG addr16	ORG 0000H	定位伪指令，指定下一条指令的地址，第一条指令必须放在0000H
结束伪指令	END		整个汇编程序结束

2. 实训的程序清单

单片机必须写入程序，只有执行不同的程序单片机才能完成不同的功能。本任务的程序清单如下：

```
        ORG   0000H        ；定位伪指令，指定下一条指令的地址
L1：    CPL   P0.0         ；P0.0取反
        MOV   R7,#0FFH
L2：    MOV   R6,#0FFH
L3：    NOP
        DJNZ  R6,L3
        DJNZ  R7,L2
```

```
SJMP  L1          ；转移至L1，循环执行程序
END               ；结束
```

以上的程序是汇编语言的源程序，必须把它变成机器语言，再写入单片机的程序存储器中才能被单片机执行，至于这一过程是如何完成的，将在任务二中介绍。

表1-3中列出了这段汇编语言源程序转换成机器语言后，存储在单片机程序存储器中的结果，有所了解就可以了，不需要同学们掌握。本教材以后也不再介绍机器语言。

表1-3 汇编语言源程序转换成机器语言

程序存储器地址	机器语言程序	汇编语言程序
—	—	ORG 0000H
0000H	B2 80	L1： CPL P0.0
0002H	7E FF	MOV R7,#0FFH
0004H	7F FF	L2： MOV R6,#0FFH
0006H	00	L3： NOP
0007H	DF FD	DJNZ R6, L3
0009H	DE F9	DJNZ R7, L2
000BH	80 F3	SJMP L1
—	—	END

在表1-4中可以看到，第一条和最后一条指令，没有对应的机器代码。这是因为ORG和END是两条伪指令，只是用来传递一些关于汇编语言的信息，没有对应的对应的实际操作，也就没有对应的机器代码。ORG是定位伪指令，指定下一条指令的地址；END是结束伪指令，指示整个汇编程序结束。

实训内容与步骤

（1）按照电路原理图安装、焊接实验板。

（2）检查无误，把事先已经存储了程序的89S51安装到IC插座中，上电运行，观察运行结果。

（3）按下复位按键，观察结果，并分析原因。

（4）分析是哪一条指令使LED闪光的。

拓展训练

如果使别的LED闪光，应如何修改程序。

任务 2

单片机应用技术实训
DANPIANJIYINGYONGJISHUSHIXUN

把程序写入单片机

不同的单片机有不同的输入程序方法。一般的单片机需要把程序通过编译器（如 keilC51、WAVE6000 等）编译为 *. HEX 文件或 *. BIN 文件，然后把这个后缀为 HEX 的文件或 *. BIN 文件烧录到单片机。烧录 HEX 文件和 BIN 文件需要工具，不同公司生产的单片机，其烧录的工具也是不一样的（例如 philips 公司的 P89LPC × × × 系列单片机使用的是 miniICP 工具）。有些单片机也不需要 HEX 文件，编译工具也是专门的。

在这里以 80C51 单片机为例，结合实验室设备，重点讲解 WAVE6000 的使用和 Easy 51Pro 的使用。

◎ 任务目的

（1）能够正确使用 WAVE6000 进行程序的编辑与汇编。

（2）了解 Easy 51pro 编程器。

（3）掌握 Easy 51Pro 的使用，能够正确烧写程序。

◎ 任务描述

（1）使用 WAVE6000 汇编软件，编写程序并调试生成 *. BIN 文件。

（2）硬件连接 Easy 51pro 编程器。

（3）打开 Easy 51pro 烧写软件将生成的 *. BIN 文件烧写至单片机。

硬 件 知 识

Easy 51pro 编程器烧录支持目前最为经典和市场占有量最大的 ATMEL 公司生产的 AT89C51、C52、C55 和最新的 S51、S52；AT89C1051、2051、4051 等芯片。它具有性能稳定，烧录速度快，性价比高等优点。如图 2 – 1 所示。

图 2 – 1　Easy 51pro 编程器

1. Easy 51pro 编程器原理图

Easy 51pro 编程器原理图如图 2 – 2 所示。

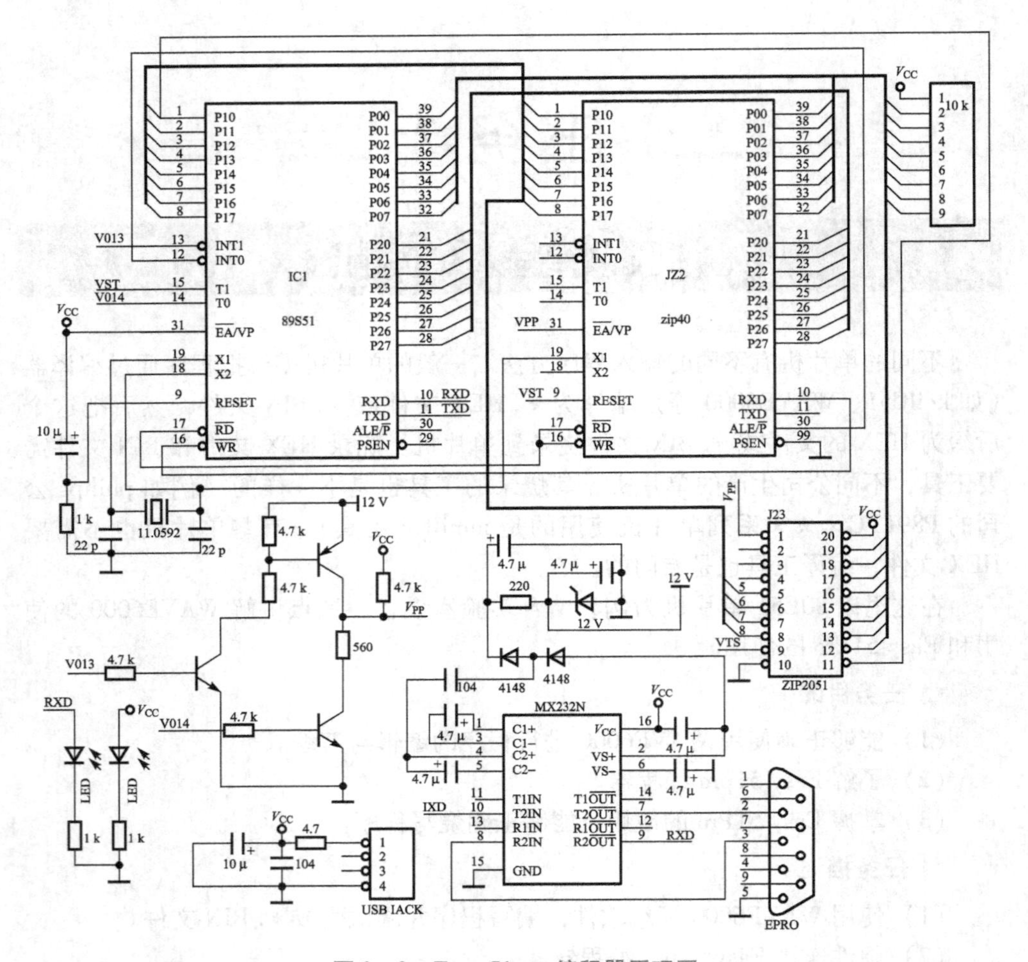

图 2-2 Easy 51pro 编程器原理图

2. Easy 51pro 编程器的特点

(1) 使用串口通信，芯片自动判别，编程过程中的擦除、烧写、校验各种操作完全由编程器上的监控芯片 89C51 控制，不受 PC 配置及其主频的影响。

(2) 采用高速波特率进行数据传送，经测试，烧写一片 4K ROM 的 AT89C51 仅需要 9.5 s，而读取和校验仅需要 3.5 s。

(3) 体积小巧，省去笨重的外接电源适配器，直接使用 PC 的 USB 端口提供 5 V 电源。

(4) 配套软件功能完善，具有编程、读取、校验、空检查、擦除、加密等系列功能。

(5) 40 pin 和 20 pin 锁紧插座，所有器件全部以第一脚对齐，无附加跳线，对于 DIP 封装芯片无需任何适配器。可烧写 40 脚单片机芯片和 20 脚单片机芯片。

3. Easy 51pro 编程器与 PC 的硬件连接

（1）将通信电缆与编程器连接好。

（2）将9针串口插头插入电脑串口。

（3）将 USB 插头插入电脑任一个 USB 口，此时编程器上 LED 点亮，表明电源接通。

（4）把单片机芯片正确地放到编程器的相应插座上，注意，芯片的缺口要朝向插座的把手方向。

4. 单片机的程序存储器

80C51 的程序存储器用于存放程序及表格常数。

（1）程序存储器由内、外两部分组成。80C51 片内有 4K 字节的程序存储器，其编址为 0000H ~ 0FFFFH，外部扩展最大支持 64 K 字节。外部 EPROM 也从 0000H 开始编址，其编址为 0000H ~ 0FFFFH，如图 2 - 3 所示。因此，80C51 单片机内外程序存储器在地址上有重叠。由 EA 信号来控制内、外程序存储器的选择。

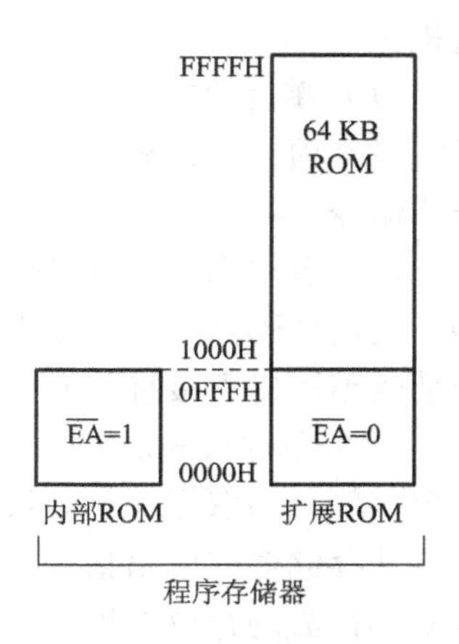

图 2 - 3　80C51 程序存储器结构图

① EA = 1 时，当 PC 值在 0000H ~ 0FFFH 范围内，CPU 访问内部存储器；当 PC 值大于 0FFFH 范围时，CPU 访问外部存储器。

② EA = 0 时，不管 PC 值的大小，CPU 总是访问外部程序存储器。

对于我们做实验，80C51 可以满足相关实验对存储空间的要求，不需要再扩展片外的程序存储器。

（2）程序存储器以计数器 PC 作为地址指针。程序计数器 PC 为 16 位的寄存器，它决定了 MCS - 51 单片机可寻址的最大范围为 64K 字节，即 0000H ~ 0FFFFH。PC 不属于特殊功能寄存器，没有专门的地址，不能直接访问。

（3）程序存储器的入口地址。在程序存储器中，0000H ~ 002AH 共 43 个单元用作存储特定程序的入口地址。

0000H ~ 0002H 这 3 个单元是系统的启动单元；

0003H ~ 000AH 外部中断 0 中断服务程序地址区；

000BH ~ 0012H 定时/计数器 0 中断服务程序地址区；

0013H ~ 001AH 外部中断 1 中断服务程序地址区；

001BH ~ 0022H 定时/计数器 1 中断服务程序地址区；

0023H ~ 002AH 串行口中断服务程序地址区。

其中，一组特殊单元是 0000H ~ 0002H。系统复位后，（PC） = 0000H，单片机从0000H单元开始取指令执行程序。如果程序不从0000H单元开始，应在这三个单元中存放一条无条件转移指令，以便直接转去执行指定的程序。

中断响应后，按中断种类，自动转到各中断区的首地址去执行程序，因此在中断地址区中理应存放中断服务程序。但通常情况下，8个单元难以存下一个完整的中断服务程序，因此通常也是从中断地址区首地址开始存放一条无条件转移指令，以便中断响应后，通过中断地址区，再转到中断服务程序的实际入口地址。

5. 指令执行的基本过程

单片机的工作过程实质就是执行所编制程序的过程，即逐条执行指令的过程。

（1）单片机在工作前，首先必须在存储器中装入程序。所谓程序，就是为了完成某项工作，将一系列指令有序地组合，而指令则是要求单片机执行某种操作的命令。

（2）指令分为操作码和地址码两个部分，操作码部分规定了单片机操作类型，而地址码部分一般是直接或间接地给出了参与操作的数据的存放地址，所以地址码也可以直接称为操作数。

（3）单片机完成每项工作，必须有序地执行一系列指令。单片机执行一条指令一般分为取指令、分析指令和执行指令。

从存储器中取出指令，并且对指令进行译码，以明确该指令执行何种操作，以及操作数的存放地址（即操作数存放在哪一个单元中），再根据这个地址获取操作数，这是取指令和分析指令阶段。按操作码指明的操作类型对获取的操作数进行操作（也可称为运算），这是执行指令阶段。

由于单片机的程序是事先固化在程序存储器中，因此一开机即可执行指令。

软件知识

1. 使用WAVE6000汇编软件编译程序

使用WAVE6000汇编软件编译程序的步骤如下：

（1）打开WAVE编译软件，屏幕显示编译环境如图2-4所示。打开“文件”菜单，选择“新建文件”，在出现的文本编辑区，编写相应的实验程序。编写时输入法必须切换成英文模式。编写完成选择“保存文件”。注意保存文件名为 *. asm格式。

（2）打开“仿真器”菜单，选择“仿真器设置”。在弹出菜单中“仿真器”左边一列“选择仿真器”选择“S51”，选择“cpu”为8031，8751，8752等均可。点击选择左下角选框“使用伟福仿真软件模拟器”。右下角晶体频率12 MHz（默认）也可手动更改为6 MHz。点击“好”确认上述操作。语言和目标

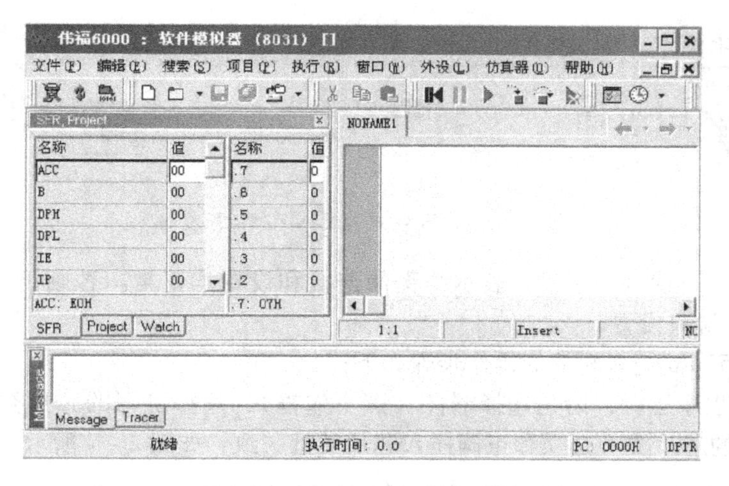

图 2－4 WAVE6000 编译环境

文件选项默认即可。

（3）点击“项目”菜单选择“编译”或点击快捷键“F9”。打开“窗口”菜单选择“信息窗口”观察程序编译是否出错。如图 2－5 所示。“X”表示错误，“!”表示警告，“√”表示通过。如有出错“X”号提示，鼠标双击信息窗口中“X”号行找到对应指令，进行修改，直至编译正确为止。

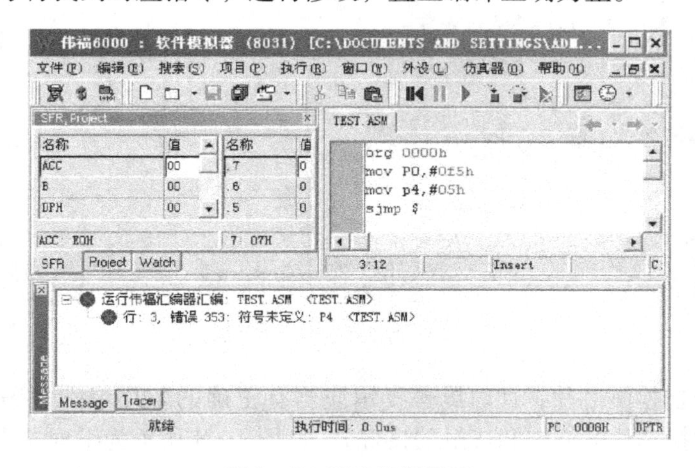

图 2－5 程序编译界面

（4）打开程序所存放的文件夹，即可找到该程序经 WAVE6000 软件编译后生成的 BIN 文件和 HEX 文件，如图 2－6 所示。

2. 使用 Easy 51pro 烧写软件烧写程序

首先将 Easy 51pro 编程器与 PC 进行硬件连接，然后找到 Easy 51pro 烧写软件文件夹，双击运行 Easy 51Pro. exe。程序启动后，会自动检测硬件及连接，状

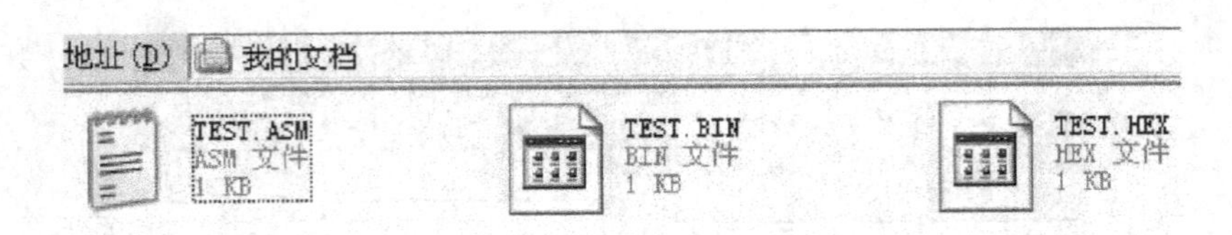

图2－6　找到生成的BIN和HEX文件

态框中显示“就绪”字样，表示编程器连接和设置均正常。否则请检查硬件连接和COM端口设置。

Easy 51pro烧写软件的操作步骤如下：

（1）程序运行，请先选择器件（点下选框），选择烧写的芯片类型。注意：选择烧写的芯片类型必须和正确插入芯片类型一致，如图2－7所示。

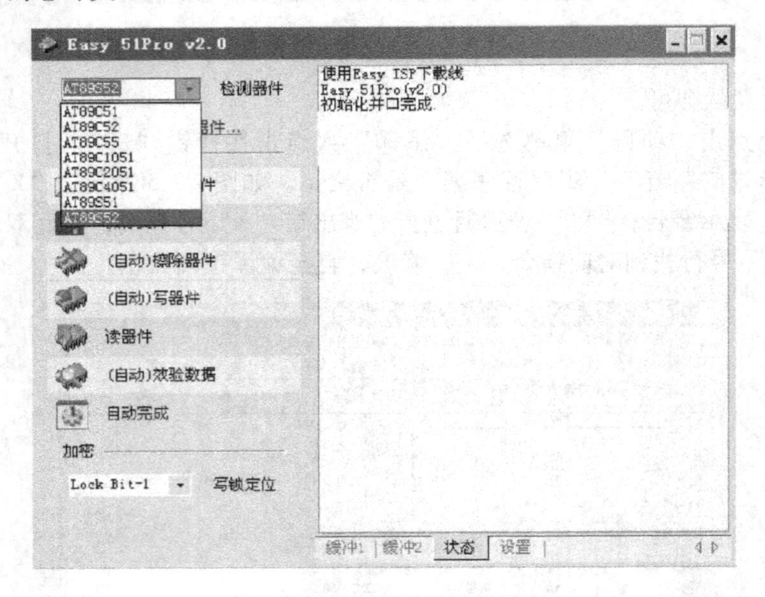

图2－7　选择芯片的类型界面

（2）单击检测芯片，此时屏幕提示应当有正确的芯片识别代码，否则请检查芯片（包括芯片的方向和接触的良好），如图2－8所示为编程器未找到芯片。

（3）用“打开文件”选择打开要烧写的＊.HEX或者＊.BIN文件（一般情况下HEX文件类型居多）。

（4）选择“（自动）擦除器件”擦除芯片（注意第二次烧写芯片时必须先擦除芯片，否则会烧写出错）。

（5）选择“（自动）写器件”烧写软件会将读入的＊.HEX或者＊.BIN文件烧写至芯片的程序存储器。

（6）选择“读器件”可以读取芯片中的程序，加密的读不出来（通过软件

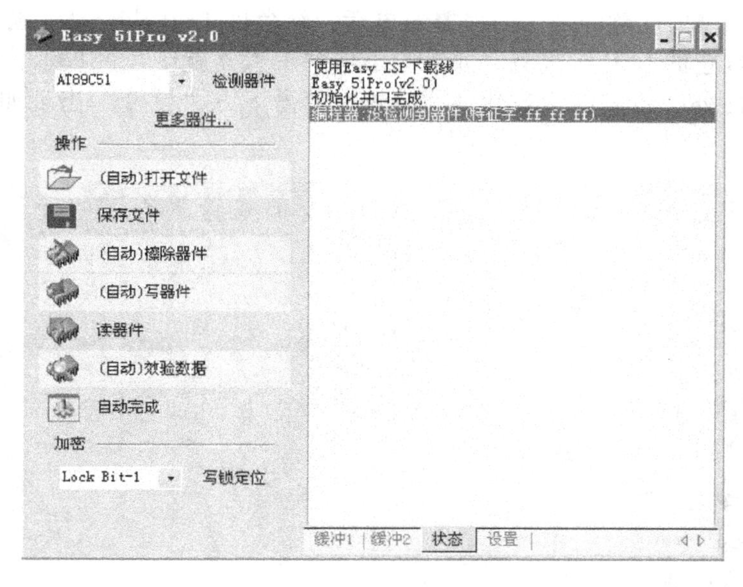

图2-8　编程器未找到芯片界面

显示的程序内容也可判断是否成功烧写)。

（7）选择“（自动）校验数据”检查编程的正确与否。

（8）选择“自动完成”自动执行以上各步骤。程序烧写完成如图2-9所示。

（9）单击“加密”下拉菜单可以选择加密的级数。

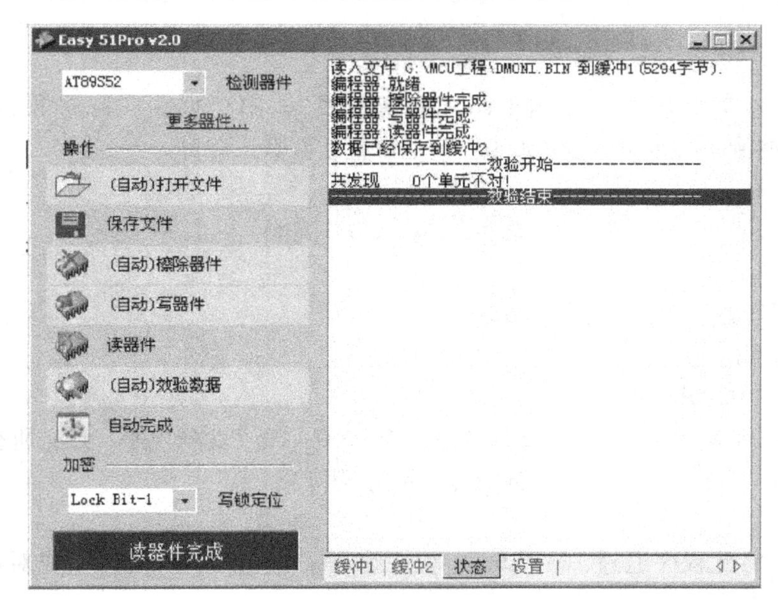

图2-9　程序烧写完成界面

另外，需要注意的是，编程器通电后，绿色的 LED 应长亮。在进行通讯的时候，红色的 LED 应闪亮。如果未出现“编程器就绪”的提示，除检查编程器连接之外，还应该检查软件的设置。单击下方“设置”出现如图 2 - 10 所示。

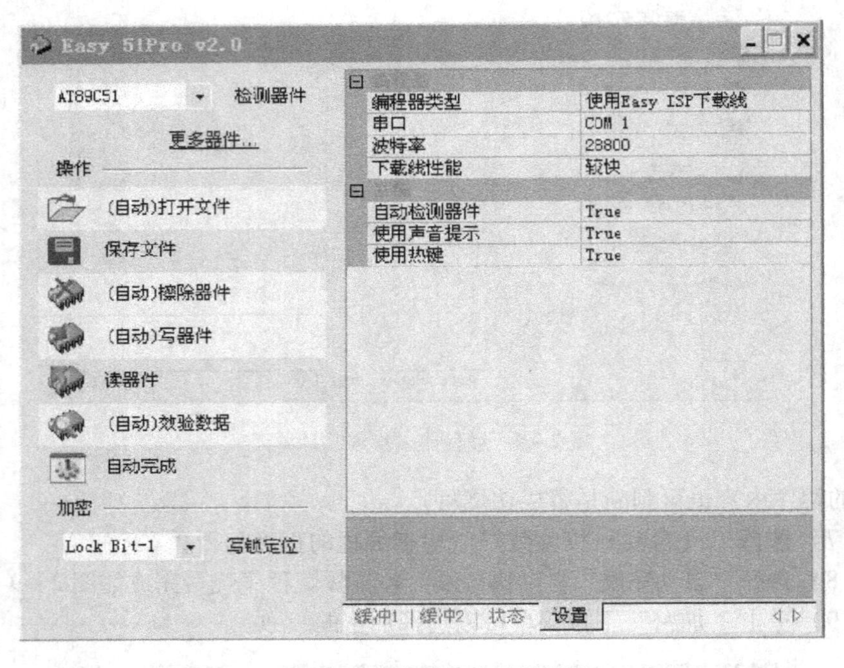

图 2 - 10　编程器软件设置界面

编程器类型选择“使用 Easy ISP 下载线”。串口根据实际进行设置，如 COM1。波特率必须设置为 28800。其他设置软件默认即可。

实训内容与步骤

点亮任务一实验板中所有 LED

参考程序：

```
ORG   0000H
MOV   P0, #00H  ; 向 P0 口送值，使 P0.0 ~ P0.7 为低电平，点亮所有 LED。
SJMP  $         ; 无任何操作，程序等待。
END
```

（1）将此程序通过 WAVE6000 软件编写，检查无误后编译生成对应的 bin 和 hex 文件。

（2）硬件连接 Easy 51Pro 编程器。

（3）打开 Easy 51Pro 烧写软件找到对应的 bin 或 hex 文件进行烧写。

（4）将烧写好的芯片安装在实验板上，通电运行测试。

拓展训练

只点亮 1 个 LED，试编写程序并烧写测试。

任务3

单片机应用技术实训
DANPIANJIYINGYONGJISHUSHIXUN

WAVE6000 的使用

WAVE6000 编译软件，采用中文界面。用户源程序大小不受限制，有丰富的窗口显示方式，能够多方位、动态地展示程序的执行过程。其项目管理功能强大，可使单片机程序化大为小，化繁为简，便于管理。另外，其书签、断点管理功能以及外设管理功能等为 51 单片机的仿真带来极大的便利。

◎ 任务目的

（1）了解 WAVE6000 编译软件的相关功能。

（2）掌握 WAVE6000 仿真软件的使用，能够编写程序并软件仿真调试。

◎ 任务描述

（1）使用 WAVE6000 汇编软件，编写程序。

（2）单步执行每一条指令，观察分析对应窗口数值变化。

硬 件 知 识

1. 数据存储器

8051 单片机数据存储器用于暂存程序执行过程中产生的数据和运算结果等。

8051 单片机数据存储器也可以分为片内数据存储器和片外数据存储器。当片内数据存储器不够用时，可扩展片外数据存储器。一般情况下，片外数据存储器的容量不超过 64 KB。与内、外部的程序存储器不同，内部和外部数据存储器空间存在重叠（内部 RAM 的地址范围为 00H ~ 07FH，外部 RAM 的地址范围为 0000H ~ 0FFFFH，如图 3 - 1 所示），通过不同指令来区别。当访问内部 RAM 时，用 MOV 类指令；当访问外部 RAM 时，则用 MOVX 类指令，所以地址重叠不会造成操作混乱。

8051 单片机的内部数据存储器空间共计 128 字节，占用 00H ~ 7FH 地址范围。特殊功能寄存器区也是 128 字节，占用 80H ~ 0FFH 这段空间。

片内数据存储器分成三大部分：工作寄存器区、位寻址区、通用 RAM 区。

（1）工作寄存器区（00H ~ 1FH）。地址范围在 00H ~ 1FH 的 32 个字节，可分成 4 个工作寄存器组，每组占 8 个字节。

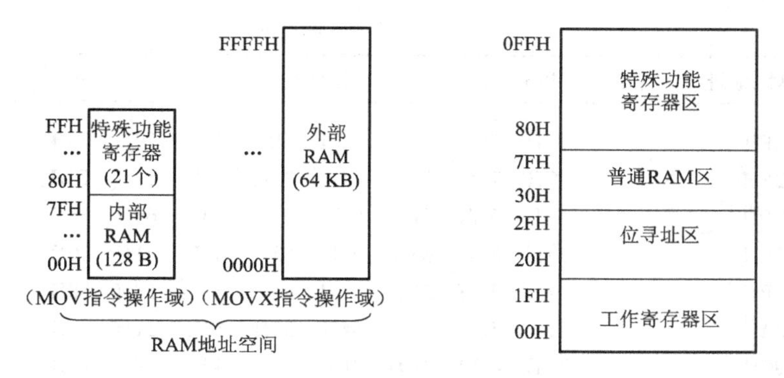

图3-1 8051数据存储器结构图

工作寄存器分组如表3-1所示。

表3-1 工作寄存器分组

组号	RS1 RS0	R0	R1	R2	R3	R4	R5	R6	R7
0	0 0	00H	01H	02H	03H	04H	05H	06H	07H
1	0 1	08H	09H	0AH	0BH	0CH	0DH	0EH	0FH
2	1 0	10H	11H	12H	13H	14H	15H	16H	17H
3	1 1	18H	19H	1AH	1BH	1CH	1DH	1EH	1FH

每个工作寄存器组都有8个寄存器，它们分别称为R0、R1、R2、R3、R4、R5、R6、R7。在任一时刻，CPU只能使用其中的一组寄存器，并且把正在使用的那组寄存器称之为当前寄存器组。到底是哪一组，由程序状态字寄存器PSW中RS1、RS0位的状态组合来决定。所以每组之间不会因为名称相同而混淆出错。

单片机复位时，当前工作寄存器默认为0组。

通用寄存器为CPU提供了就近存储数据的便利，有利于提高单片机的运算速度。此外，使用通用寄存器还能提高程序编制的灵活性，因此，在单片机的应用编程中应充分利用这些寄存器，以简化程序设计，提高程序运行速度。

（2）位寻址区（20H~2FH）。单片机片内RAM中20H~2FH地址范围中共16个字节单元称为位寻址区。该区的16个字节单元，既可作为一般的RAM使用，进行字节操作，也可以对单元中的每一位进行位操作。16个字节单元共128位，每位有位地址，地址范围是00H~07H，如表3-2所示。

位寻址区中的每一位地址有两种表示形式：一是表中位地址形式，另一种是单元地址．位序形式。如25H.3的位地址是2BH，25H.2的位地址是2AH。

表 3-2 位寻址区地址表

单元地址	MSB			位地址				LSB
2FH	7FH	7EH	7DH	7CH	7BH	7AH	79H	78H
2EH	77H	76H	75H	74H	73H	72H	71H	70H
2DH	6FH	6EH	6DH	6CH	6BH	6AH	69H	68H
2CH	67H	66H	65H	64H	63H	62H	61H	60H
2BH	5FH	5EH	5DH	5CH	5BH	5AH	59H	58H
2AH	57H	56H	55H	54H	53H	52H	51H	50H
29H	4FH	4EH	4DH	4CH	4BH	4AH	49H	48H
28H	47H	46H	45H	44H	43H	42H	41H	40H
27H	3FH	3EH	3DH	3CH	3BH	3AH	39H	38H
26H	37H	36H	35H	34H	33H	32H	31H	30H
25H	2FH	2EH	2DH	2CH	2BH	2AH	29H	28H
24H	27H	26H	25H	24H	23H	22H	21H	20H
23H	1FH	1EH	1DH	1CH	1BH	1AH	19H	18H
22H	17H	16H	15H	14H	13H	12H	11H	10H
21H	0FH	0EH	0DH	0CH	0BH	0AH	09H	08H
20H	07H	06H	05H	04H	03H	02H	01H	00H

（3）通用 RAM 区（30H～7FH）。单片机片内 RAM 中，30H～7FH 的 80 个单元只能以存储单元的形式来使用没有其他任何规定或限制，用户可以根据需要自由安排所以称它为通用 RAM 区。该区域中的单元只能用直接寻址、寄存器间接寻址等方式按字节访问。

堆栈就常设在通用 RAM 区中。

堆栈的概念

堆栈是在单片机内部 RAM 中从某个选定的存储单元开始划定的一个地址连续的区域，这个区域本身没有任何特殊之处，它就是内部 RAM 的一部分，不同的是这个区域以选定的某个存储单元作为栈底，只允许向一个方向写入数据，最后一个写入数据的存储单元称为栈顶。堆栈主要用在子程序调用过程、保护及恢复现场过程以及数据传输过程。

堆栈的生成有两种情况，向高地址方向写入数据生成的堆栈称为向上生长型堆栈，反之称为向下生长型堆栈，51 单片机属于向上生长型堆栈（即向高地址方向生成）。

数据写入堆栈为插入运算（PUSH），通常称为入栈，数据从堆栈中读出为删除运算（POP），通常称为出栈，按堆栈的规定，入栈和出栈只能在栈顶一端进行。

51 单片机中，用一个称为堆栈指针 SP（Stack Pointer）的特殊功能寄存器来给出栈顶存储单元的地址，堆栈指针 SP 中存储的总是堆栈栈顶存储单元的地址，即堆栈指针 SP 总是指向堆栈栈顶。

向上生长型堆栈出栈入栈的操作原则是“先进后出”或“后进先出”。

入栈操作规则为：先 SP 中的内容加 1，后写入数据；出栈操作规则为：先读出数据，后 SP 中的内容减 1。

系统复位后，SP 中的内容为 07H，在程序设计中，常用指令对 SP 的复位值进行修改，将堆栈开辟在通用 RAM 区。

2. 特殊功能寄存器

特殊功能寄存器（SFR）也称为专用寄存器，特殊功能寄存器反映了 51 单片机的运行状态。很多功能也通过特殊功能寄存器来定义和控制程序的执行。

在 8051 单片机中设置了 21 个特殊功能寄存器，它们不连续地分布在地址为 80H ~ FFH 的 128 个字节的存储空间中。

在这 21 个 SFR 中，凡是字节地址能被 8 整除（即 16 进制的地址码尾数为 0 或 8）的 11 个单元均具有位寻址能力，有效的位地址共有 82 个。表 3－3 是特殊功能寄存器分布一览表。

82 个有效位地址可用位地址、位符号、单元地址．位序和寄存器名．位序四种方法来表示，但一般是用位符号或寄存器名．位序来表示的。如 0D7H、CY、0D0H. 7、PSW. 7 四种表达方式指的都是同一位。

表 3－3　特殊功能寄存器分布一览表

SFR	字节地址	MSB			位地址/位定义				LSB
B	F0H	F7	F6	F5	F4	F3	F2	F1	F0
		—	—	—	—	—	—	—	—
ACC	E0H	E7	E6	E5	E4	E3	E2	E1	E0
		—	—	—	—	—	—	—	—
PSW	D0H	D7	D6	D5	D4	D3	D2	D1	D0
		CY	AC	F0	RS1	RS0	OV	F1	P
IP	B8H	BF	BE	BD	BC	BB	BA	B9	B8
		—	—	—	PS	PT1	PX1	PT0	PX0
P3	B0H	B7	B6	B5	B4	B3	B2	B1	B0
		P3. 7	P3. 6	P3. 5	P3. 4	P3. 3	P3. 2	P3. 1	P3. 0
IE	A8H	AF	AE	AD	AC	AB	AA	A9	A8
		EA	—	—	ES	ET1	EX1	ET0	EX0

续表

SFR	字节地址	MSB			位地址/位定义				LSB
P2	A0H	A7	A6	A5	A4	A3	A2	A1	A0
		P2.7	P2.6	P2.5	P2.4	P2.3	P2.2	P2.1	P2.0
SBUF	99H	—	—	—	—	—	—	—	—
SCON	98H	9F	9E	9D	9C	9B	9A	99	98
		SM0	SM1	SM2	REN	TB8	RB8	TI	RI
P1	90H	97	96	95	94	93	92	91	90
		P1.7	P1.6	P1.5	P1.4	P1.3	P1.2	P1.1	P1.0
TH1	8DH	—	—	—	—	—	—	—	—
TH0	8CH	—	—	—	—	—	—	—	—
TL1	8BH	—	—	—	—	—	—	—	—
TL0	8AH	—	—	—	—	—	—	—	—
TMOD	89H	GATE	C/T	M1	M0	GATE	C/T	M1	M0
TCON	88H	8F	8E	8D	8C	8B	8A	89	88
		TF1	TR1	TF0	TR0	IE1	IT1	IE0	IT0
PCON	87H	SMOD	—	—	—	GF1	GF0	PD	IDL
DPH	83H	—	—	—	—	—	—	—	—
DPL	82H	—	—	—	—	—	—	—	—
SP	81H	—	—	—	—	—	—	—	—
P0	80H	87	86	85	84	83	82	81	80
		P0.7	P0.6	P0.5	P0.4	P0.3	P0.2	P0.1	P0.0

软件知识

1. MCS－51 单片机指令系统

（1）指令、指令系统的概念。指令是使计算机内部执行的一种操作，提供给用户编程使用的一种命令。由构成计算机的电子器件特性所决定，计算机只能识别二进制代码。以二进制代码来描述指令功能的语言，称之为机器语言。由于机器语言不便被人们识别、记忆、理解和使用，因此给每条机器语言指令赋予助记符号来表示，这就形成了汇编语言。也就是说，汇编语言是便于人们识别、记忆、理解和使用的一种指令形式，它和机器语言指令一一对应，也是由计算机的硬件特性所决定的。

指令的描述形式有两种：机器语言形式和汇编语言形式。现在描述计算机指令系统及实际应用中主要采用汇编语言形式。采用机器语言编写的程序称之为目标程序。采用汇编语言编写的程序称之为源程序。计算机能够直接识别并执行的只有机器语言。汇编语言程序不能被计算机直接识别并执行，必须经过一个中间环节把它翻译成机器语言程序，这个中间过程叫做汇编。汇编有两种方式：机器汇编和手工汇编。机器汇编是用专门的汇编程序，在计算机上进行翻译；手工汇编是编程员把汇编语言指令逐条翻译成机器语言指令。现在主要使用机器汇编，但有时也用到手工汇编。

（2）汇编指令格式。汇编语言格式为：

［标号:］　操作码助记符　［目的操作数,］　［源操作数］　［；注释］

① 标号是该语句的符号地址，可根据需要而设置。当汇编程序对汇编语言源程序进行汇编时，再以该指令所在的地址值来代替标号。在编程的过程中，适当的使用标号，使程序便于查询、修改以及转移指令的编程。标号通常用于转移指令所需的转移地址。标号一般由 1 ~6 个字符组成，但第一个字符必须是字母，其余的可以是字母也可以是其他符号或数字。标号和操作码之间用冒号“:”分开。

② 操作码和操作数（源操作数和目的操作数）是指令的核心部分。操作码使用 51 系列单片机所规定的助记符来表示，其功能在于告诉单片机的 CPU 做何种操作。

③ 操作数分为目的操作数和源操作数，采用符号（如寄存器、标号等）或者常量（如立即数、地址值等）表示。操作码和目的操作数之间用空格分隔，而目的操作数和源操作数之间用逗号“,”隔开。在某些指令中可以没有操作数。

④ 注释是对指令的功能或作用的说明，但是注释不是一个指令的必要组成部分，可有可无。注释的主要作用是对程序段或者某条指令在整个程序中的作用进行解释和说明，以帮助阅读、理解和使用源程序。有无注释对源程序并无影响，但是如果使用注释的话，注释部分一定要用分号“;”隔开。指令描述常用符号见表 3 –4 所示。

表3－4 指令描述常用符号

符　号	含　义
$	当前指令起始地址
/	对该位内容取反
rel	转移指令8位偏移量（补码）－128～＋127
Rn	当前R0－R7
Ri	R0 R1（i＝0，1）
#data8/16	8位常数（立即数）16位常数（立即数）
Addr11/16	11位目的地址，16位目的地址
direct	直接地址（00H－FFH）或指SFR
bit	位地址
@	间接寻址符号（前缀）
(x)	X中的内容/数据
((x))	由X作为地址存储单元中的内容
→	数据传送方向

（3）汇编指令分类。51单片机指令系统具有功能强、指令短、执行快等特点，共有111条指令。从功能上可划分成数据传送、算术操作、逻辑操作、程序转移、位操作等五大类；

在指令中，所谓的寻址即寻找指令中参与运算操作数的地址。一条指令中可能有不止一个操作数，不同的操作数可以有不同的寻址方式。寻址方式越丰富，灵活性就越大，实现功能越强。51单片机一共七种寻址方式：寄存器寻址、直接寻址、立即寻址、寄存器间接寻址、变址寻址、相对寻址和位寻址。

① 寄存器寻址。以通用寄存器的内容为操作数的寻址方式。通用寄存器指A、B 、DPTR以及R0～R7。

例如：MOV　A，R0指令中源操作数和目的操作数都是寄存器寻址。该指令的功能是把工作寄存器R0中的内容传送到累加器A中，如R0中的内容为30H，则执行该指令后A的内容也为30H。

INC　R0；R0 中内容加一

② 直接寻址。指令中直接给出操作数所在的存储器地址，以供取数或存数的寻址方式称为直接寻址。

例如：MOV A，40H 指令中的源操作数就是直接寻址，40H 为操作数的地址。该指令的功能是把片内 RAM 地址为 40H 单元的内容送到 A 中。该指令的机器码为 E5H 40H，8 位直接地址在指令操作码中占一个字节。

51 系列单片机的直接寻址可用于访问片内、外数据存储器，也可用于访问程序存储器。

直接寻址可访问片内 RAM 的低 128 个单元（00H～7FH），同时也是用于访问高 128 个单元的特殊功能寄存器 SFR 的唯一方法。另外，访问 SFR 可在指令中直接使用该寄存器的名字来代替地址，如 MOV A，80H，可以写成 MOV A，P0，因为 P0 口的地址为 80H。

直接寻址访问程序存储器的转移、调用指令中直接给出了程序存储器的地址，执行这些指令后，程序计数器 PC 的内容将更换为指令直接给出的地址，机器将改为访问以所给地址为起始地址的存储区间，取指令（或取数），并依次执行。

③ 立即寻址。指令中直接给出操作数的寻址方式。立即操作数用前面加有#号的 8 位或 16 位数来表示。

例如：MOV　A，# 60H　；A← #60H
　　　MOV　DPTR，# 3400H　；DPTR← #3400H
　　　MOV　30H，# 40H　；30H 单元← #40H

上述三条指令执行完后，累加器 A 中数据为立即数据 60H，DPTR 寄存器中数据为 3400H，30H 单元中数据为立即数 40H。

注意：#是唯一区别数据与地址的标志。

④ 寄存器间接寻址。以寄存器中内容为地址，以该地址中内容为操作数的寻址方式。间接寻址的存储器空间包括内部数据 RAM 和外部数据 RAM。

这里需要强调的是：寄存器中的内容不是操作数本身，而是操作数的地址，到该地址单元中才能得到操作数。实际上是二次寻址。

能用于寄存器间接寻址的寄存器有 R0，R1，DPTR，SP。其中 R0、R1 必须是工作寄存器组中的寄存器。SP 仅用于堆栈操作。

间接寻址采用@ Ri 或@ DPTR，@ 是区别寄存器寻址的标记。

例如：MOVX　A，@ R1；A←外部 RAM（P2R1）其指令操作过程示意图如图 3－2 所示。

　　　MOVX　@ DPTR，A；外部 RAM（DPTR）←A

其指令操作过程示意图如图 3－3 所示。

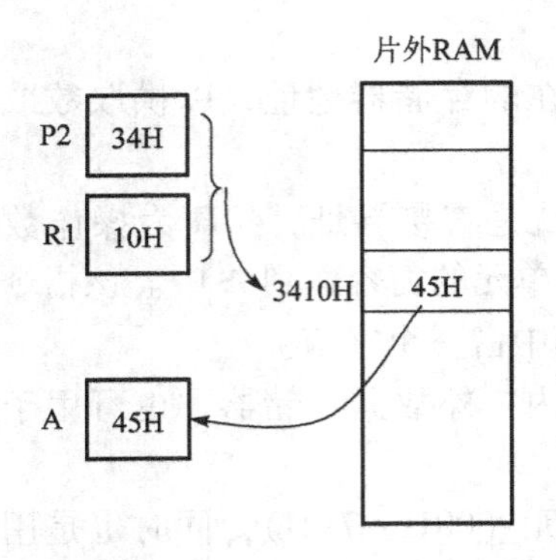

图3-2 MOVX A，@R1 间接寻址示意图

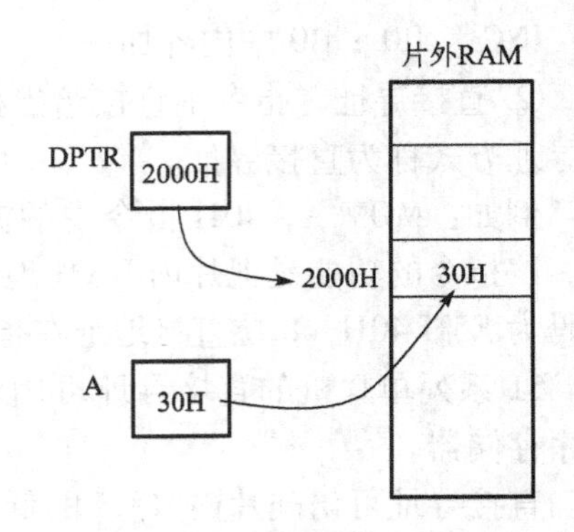

图3-3 MOVX @DPTR，A 间接寻址示意图

⑤ 变址寻址。变址寻址又称为基址加变址寻址，只能对程序存储器中数据进行操作。由于程序存储器是只读的，因此变址寻址只有读操作而无写操作，在指令符号上采用 MOVC 的形式。

例如：MOVC　A,@ A + DPTR；A← （A + DPTR）

又如，MOVC　A,@ A + PC　；A← （A + PC）

基地址寄存器 PC 或 DPTR，偏移量 A

注意：变址寻址区是程序存储器而不是数据存储器。

执行前，应预先在 DPTR 和 A 中存放地址，为指令执行提供条件。

⑥ 相对寻址。相对寻址是以当前程序计数器 PC 值加上指令中给出的偏移量 rel，而构成实际操作数地址的寻址方法。它用于访问程序存储器，常出现在相对转移指令中。

在使用相对寻址时要注意以下两点：

（1）当前 PC 值是指相对转移指令的存储地址加上该指令的字节数。例如：JZ rel 是一条累加器 A 为零就转移的双字节指令。若该指令的存储地址为 2050H，则执行该指令时的当前 PC 值即为 2052H。即当前 PC 值是对相对转移指令取指结束时的值。

（2）偏移量 rel 是有符号的单字节数。以补码表示，其值的范围是 - 128 ~ + 127 （00H ~ FFH），负数表示从当前地址向前转移，正数表示从当前地址向后转移。所以，相对转移指令满足条件后，转移的地址（目的地址）为：

目的地址 = 当前 PC 值 + rel ＝ 指令存储地址 + 指令字节数 + rel

以当前程序计数器 PC 的内容为基础，加上指令给出的一字节补码数（偏移量）形成新的 PC 值的寻址方式。

相对寻址用于修改 PC 值，主要用于实现程序的分支转移。

例如，SJMP　08H　　　；PC←PC + 2 + 08H

⑦ 位寻址。

指令中含有位地址，位寻址其实是一种直接寻址方式，不过其地址是位地址。

位地址和字节地址的区分通过指令区分：

MOV A,20H　　；20H为字节地址，因为累加器A为字节

MOV C,20H　　；20H为位地址。因为C是进位标志位

可供位寻址的区域

（1）片内RAM的20H～2FH为位寻址空间（00～7FH）。

（2）某些SFR：凡是地址能被8整除的SFR，共11个。

位地址的表示方法

MOV C,ACC.7

MOV 20H,C

MOV 24H.0，C

表3-5　7种寻址方式所对应寻址空间

寻址方式	寻址空间（操作数存放空间）
立即寻址	程序存储器
直接寻址	片内RAM低128字节、SFR
寄存器寻址	工作寄存器R0～R7，A，B，DPTR
寄存器间接寻址	片内RAM：@R0，@R1，SP 片外RAM：@R0，@R1，@DPTR
变址寻址	程序存储器：@A+PC，@A+DPTR
相对寻址	程序存储器256字节范围内：PC+偏移量
位寻址	片内RAM的位寻址区（20H～2FH字节地址） 某些可位寻址的SFR

2. 数据传送类指令

数据传送类指令共28条，是将源操作数送到目的操作数。指令执行后，源操作数不变，目的操作数被源操作数取代。数据传送类指令用到的助记符有MOV、MOVX、MOVC、XCH、XCHD、SWAP、PUSH、POP8种。除了目的操作数为ACC的指令影响奇偶标志P外，一般不影响PSW标志位。

（1）内部RAM及SFR间一般传送指令。内部RAM及SFR间一般传送指令如表3-6所示。

表 3-6　内部 RAM 及 SFR 间一般传送指令

助 记 符	操 作 功 能
MOV　A,Rn MOV　A,direct MOV　A,@ Ri MOV　A,#data	(A) ← (Rn) (A) ← (direct) (A) ←((Ri)) (A) ← #data

MOV direct,a
MOV direct,Rn
MOV direct1,direct2
MOV direct,@ Ri
MOV direct,#data
	(direct) ← (A)
	(direct) ← (Rn)
	(direct1) ← (direct2)
	(direct) ←((Ri))
	(direct) ←#data

MOV　Rn,A MOV　Rn,direct MOV　Rn,#data	(Rn) ← (A) (Rn) ← (direct) (Rn) ← #data
MOV　@ Ri,A MOV　@ Ri,direct MOV　@ Ri,#data	((Ri)) ← (A) ((Ri))← (direct) ((Ri)) ← #data
MOV　DPTR,#data16	(DPTR) ← #data16

(2) 数据交换类指令。数据交换类指令源操作数和目的操作数均被修改。数据交换类指令如表 3-7 所示。

表 3-7　数据交换类指令

助 记 符	指 令 功 能
SWAP　A	(A) 高 4 位与低 4 位互换
XCH A,Rn	(A) 与 (Rn) 中的内容互换
XCH A,direct	(A) 与 (direct) 中内容互换
XCH A,@ Ri	(A) 与((Ri))中内容互换
XCHD A,@ Ri	(A) 与((Ri))中内容低 4 位互换

(3) 累加器 A 与外部 RAM 数据传送指令。51 单片机 CPU 对片外扩展的数据存储器 RAM 或 I/O 口进行数据传送，必须采用寄存器间接寻址的方法，通过累加器 A 来完成。这类指令共有 4 条单字节指令，指令操作码助记符都为

MOVX。外部数据传送指令如表 3－8 所示。

表 3－8　外部数据传送指令

助记符	指令功能	寻址范围
MOVX　A,@ Ri	((Ri))→ (A)	外 00H－FFH
MOVX A,@ DPTR	((DPTR))→ (A)	外 64KB
MOVX @ Ri,A	(A) →((Ri))	外 00H－FFH
MOVX @ DPTR,A	(A) →((DPTR))	外 64 KB

① 在 51 中，与外部存储器 RAM 打交道的只可以是 A 累加器。所有需要送入外部 RAM 的数据必须要通过 A 送去，而所有要读入的外部 RAM 中的数据也必须通过 A 读入。且只能使用间接寻址。

在此我们可以看出内外部 RAM 的区别了，内部 RAM 间可以直接进行数据的传递，而外部则不行。

比如，要将外部 RAM 中某一单元（设为 0100H 单元的数据）送入另一个单元（设为 0200H 单元），也必须先将 0100H 单元中的内容读入 A，然后再送到 0200H 单元中去。

② 要读或写外部的 RAM，当然也必须要知道 RAM 的地址，在后两条指令中，地址是被直接放在 DPTR 中的。而前两条指令，由于 Ri（即 R0 或 R1）只是 8 位的寄存器，所以只提供低 8 位地址。高 8 位地址由 P2 口来提供。

③ 使用时应先将要读或写的地址送入 DPTR 或 Ri 中，然后再用读写命令。

（4）累加器 A 与 ROM 传送指令。访问程序存储器的数据传送指令又称作查表指令，采用基址寄存器加变址寄存器间接寻址方式，把程序存储器中存放的表格数据读出，传送到累加器 A。共有如下两条单字节指令，指令操作码助记符为 MOVC。

```
指令助记符                    操作功能注释
MOVC   A, @ A + DPTR      ; (A) ←((A) + (DPTR))
MOVC   A, @ A + PC        ;(PC)←(PC) +1,(A)←((A) + (PC))
```

例如已知 A＝30H，DPTR＝3000H，

程序存储器单元（3030H）＝50H，执行 MOVC A，@ A＋DPTR 后，A＝50H。

前一条指令采用 DPTR 作基址寄存器，因此可以很方便地把一个 16 位地址送到 DPTR，实现在整个 64 KB 程序存储器单元到累加器 A 的数据传送。即数据表格可以存放在程序存储器 64 KB 地址范围的任何地方。

后一条指令以 PC 作为基址寄存器，CPU 取完该指令操作码时 PC 会自动加 1，指向下一条指令的第一个字节地址，即此时是用（PC）＋1 作为基址的。另外，由于累加器 A 中的内容为 8 位无符号数，这就使得本指令查表范围只能在

256个字节范围内，使表格地址空间分配受到限制。同时编程时还需要进行偏移量的计算，即MOVC A，@A+PC指令所在地址与表格存放首地址间的距离字节数的计算，并需要一条加法指令进行地址调整。偏移量计算公式为：

偏移量 = 表首地址 -（MOVC指令所在地址+1）

（5）堆栈操作指令。堆栈操作有进栈和出栈，即压入和弹出数据，常用于保存或恢复现场。进栈指令用于保存片内RAM单元（低128字节）或特殊功能寄存器SFR的内容；出栈指令用于恢复片内RAM单元（低128字节）或特殊功能寄存器SFR的内容。

所谓堆栈是在片内RAM中按“先进后出，后进先出”原则设置的专用存储区。数据的进栈出栈由指针SP统一管理。堆栈的操作有如下两条专用指令：

```
PUSH    direct    ; SP← (SP+1), (SP) ← (direct)
POP     direct    ; (direct) ← (SP), SP ← SP-1
```

第一条为压入指令，就是将direct中的内容送入堆栈中，第二条为弹出指令，就是将堆栈中的内容送回到direct中。

3. WAVE6000常用菜单功能介绍

打开WAVE6000软件的开发环境如图3-4所示。

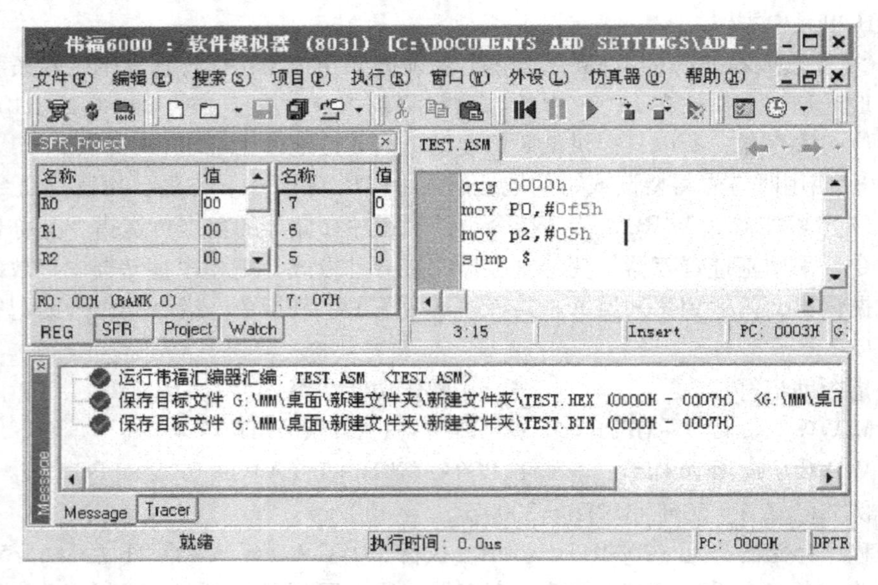

图3-4 WAVE6000软件的开发环境

（1）文件菜单。

文件|打开文件

打开用户程序，进行编辑。如果文件已经在项目中，可以在项目窗口中双击相应文件名打开文件。

文件 | 保存文件

保存用户程序。用户在修改程序后，如果进行编译，则在编译前，系统会自动将修改过的文件存盘。

文件 | 新建文件

建立一个新的用户程序，在存盘的时候，系统会要求用户输入文件名。

文件 | 另存为

将用户程序存成另外一个文件，原来的文件内容不会改变。

文件 | 重新打开

在重新打开的下拉菜单中有最近打开过的文件及项目，选择相应的文件名或项目名就可以重新打开文件或项目。

文件 | 打开项目

打开一个用户项目，在项目中，用户可以设置仿真类型。加入用户程序，进行编译，调试。系统中只允许打开一个项目，打开一个项目或新建一个项目时，前一项目将自动关闭。

文件 | 保存项目

将用户项目存盘。用户在编译项目时，自动存盘。注意：当用项目仿真时，系统要求项目文件，模块文件，包含文件在同一个目录（文件夹）下。

文件 | 新建项目

当用户开始新的任务时，应新建一个项目，在项目中，设置所用仿真器类型，POD类型，加入用户程序（模块）。

文件 | 关闭项目

关闭当前项目，如果用户不想用项目方式调试单个程序，就要先关闭当前项目。

文件 | 项目另存为

将项目换名存盘，此方法只是将项目用另一个名字，而不会将项目中的模块和包含文件换成另一个名字存盘，如果想将整个项目及模块存到另一个地方，请用复制项目方法。

文件 | 复制项目

复制项目，用户可以将项目中的所有模块（用户程序）备份到另一个地方。在多模块项目中，用复制项目功能，可以避免用户因为少复制某些模块，而造成项目编译不能通过。方便用户对程序进行管理。

文件 | 调入目标文件

装入用户已编译好目标文件。系统支持两种目标文件格式：BIN，HEX格式。二进制（BIN）：由编译器生成的二进制文件，也就是程序的机器码。英特尔格式（HEX）：由英特尔定义的一种格式，用ASCII码来存储编译器生成的二进制代码，这种格式包括地址，数据和校验。

（2）项目菜单。

项目 | 编译

编译当前窗口的程序。如有错误，系统将会指出错误所在的位置。

项目 | 全部编译

全部编译项目中所有的模块（程序文件），包含文件。如有错误系统会指出错误所在位置。

项目 | 装入 OMF 文件

建好项目后，无须编译，直接装入在其他环境中编译好的调试信息，在伟福环境中调试。

项目 | 加入模块文件

在当前项目中添加一个模块。

项目 | 加入包含文件

在当前项目中添加一个包含文件。

（3）执行菜单。

执行 | 全速执行

运行程序

执行 | 跟踪

跟踪程序执行的每步，观察程序运行状态。

执行 | 单步

单步执行程序，与跟踪不同的是，跟踪可以跟踪到子程序的内部，而单步执行则不跟踪到子程序内部。

执行 | 执行到光标处

程序从当前 PC 位置，全速执行到光标所在的行。如果光标所在行没有可执行代码。则提示“这行没有代码”。

执行 | 暂停

暂停正在全速执行的程序。

执行 | 复位

终止调试过程，程序将被复位。如果程序正在全速执行，则应先停止。

执行 | 设置 PC

将程序指针 PC，设置到光标所在行。程序将从光标所在行开始执行。

执行 | 自动单步跟踪/单步

模仿用户连续按 F7 或 F8 单步执行程序。

同时还有“执行到光标处”的功能，将光标移到程序想要暂停的地方，打开菜单“执行”选择“执行到光标处”功能或 F4 键。程序全速执行到光标所在行。

WAVE6000 常用观察窗口介绍如下。

信息窗口

信息窗口如图 3－5 所示。“X”表示错误，“!”表示警告，“√”表示通过。

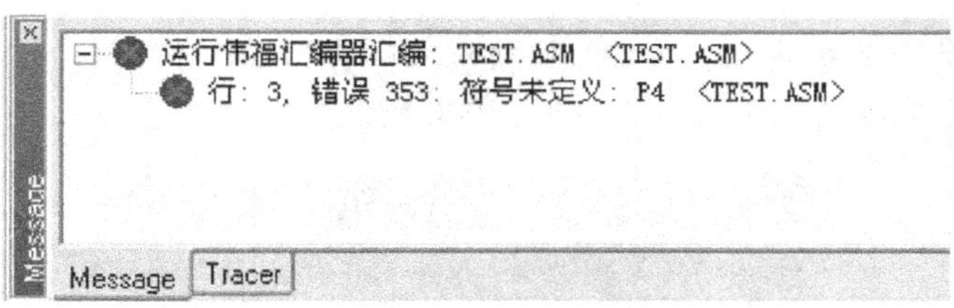

图 3－5　信息窗口

在编译信息行会有相关的生成文件，双击鼠标左键，或击右键在弹出菜单中选择“打开”功能，可以打开相关文件（如果有编译错误，双击左键，可以在源程序中指出错误所在行，有时前一行或后一行程序有错，会造成当前行编译不通过。而将错误定位在本行，所以如果发现了错误，但在本行没有发现错误，可以查查本行上下的程序）。

CPU 窗口

通过 CPU 窗口，可以打开反汇编窗口，SFR 窗口和 REG 窗口（如图 3－6）。在反汇编窗口中可观察编译正确的机器码及反汇编程序，可以让你更清楚地了解程序执行过程。SFR 窗口中可以观察到单片机使用的 SFR（特殊功能寄存器）值和位变量的值。REG 窗口为 R0～R7、A、DPTR 等常用寄存器的值。

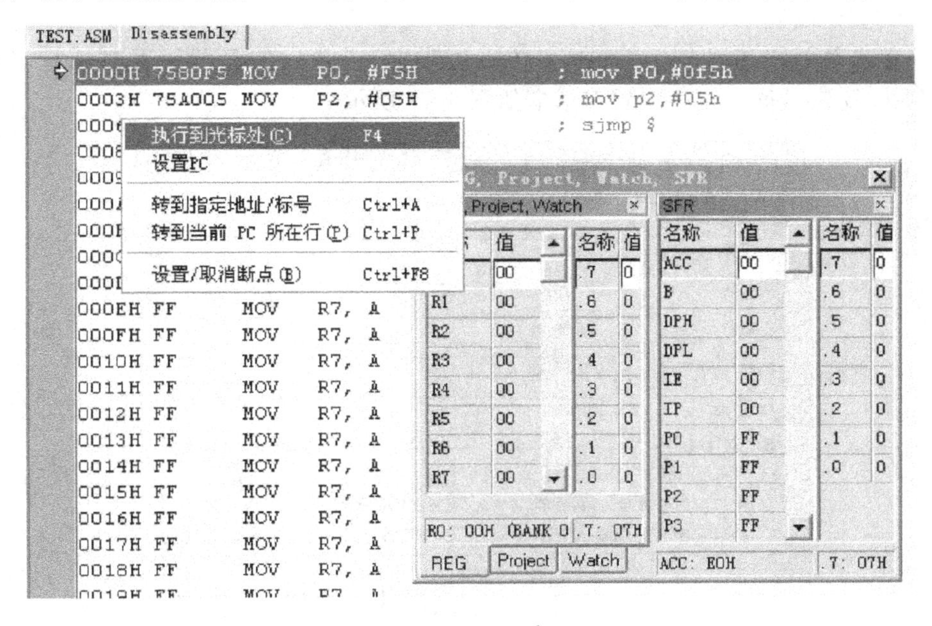

图 3－6　CPU 窗口

数据窗口

数据窗口根据选择的 CPU 类型不同，名称有所不同（如图 3 -7）。

51 系列有以下四种数据窗口：

DATA　内部数据窗口　　CODE 程序数据窗口 BIT 位窗口

XDATA 外部数据窗口　　PDATA 外部数据窗口（页方式），51 中无用

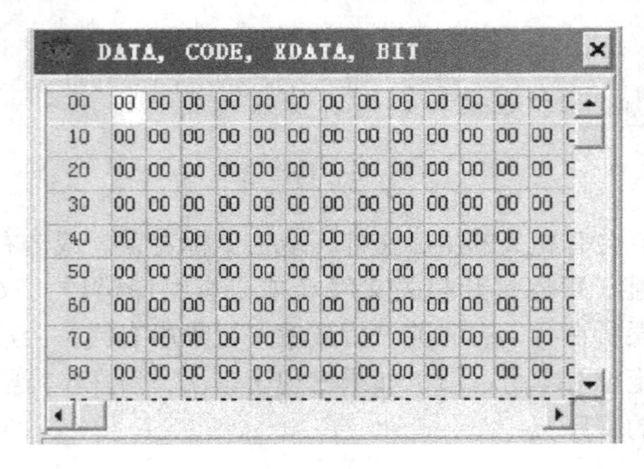

图 3 -7　数据窗口

在数据窗口中可以看到 CPU 内部的数据值，红色的为上一步执行过程中，改变过的值，窗口状态栏中为选中数据的地址，可以在选中的数据上直接修改数据的十六进制值，也可以用弹出菜单的修改功能，修改选中的数据值。

仿真器设置

单击菜单“仿真器”，选择“仿真器设置”，弹出仿真器设置对话框。当 CPU 为 51 芯片时，语言设置对话框如图 3 -8 所示。

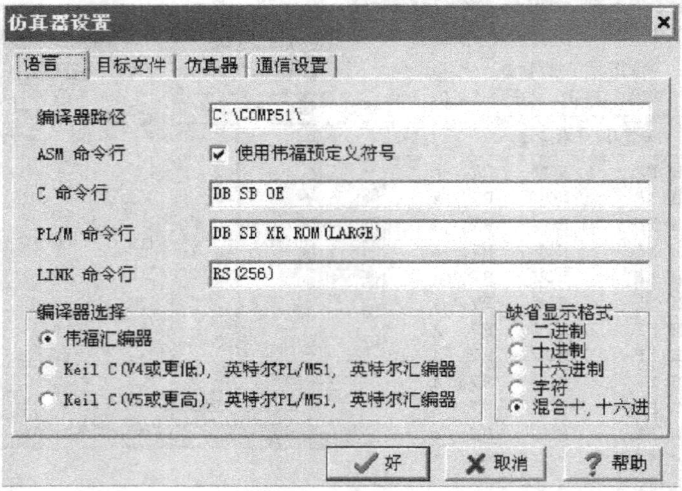

图 3 -8　仿真器语言设置

单击“目标文件”切换到“目标文件”对话框。它包含设置生成的目标文件的地址，及生成目标文件的格式。一般情况下，地址选择为默认方式。即由编译确定。如果你想重新定位你的程序就要指定地址，方法是：去掉［默认地址］前面的选择。在开始地址，结束地址处填入相应的地址。编译可以生成 BIN（二进制）格式和 HEX（英特尔）格式的目标文件，可以根据你的需要，选择相应的格式。

单击第三个选项“仿真器”，结合实验室设备的仿真头，一般选择如图 3－9 所示。仿真器选择“S51”，仿真头选择“POD－H8X5X”，CPU 选择相对应的 51 系列芯片即可。选择“使用伟福软件模拟器”选项，则可以在完全脱离硬件仿真器情况下，对程序进行模拟执行。如果使用硬件仿真器，请不要选择“使用伟福软件模拟器”。

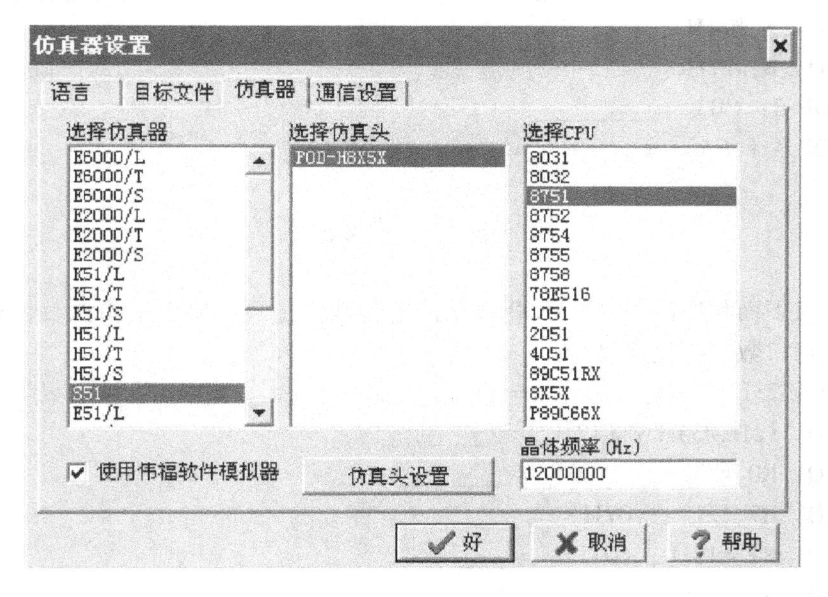

图 3－9　仿真器设置界面

程序的调试步骤

（1）打开 WAVE 编译软件打开“文件”菜单，选择“新建文件”，在出现的文本编辑区，编写相应的实验程序。注意程序编写时，输入法必须切换成英文模式。

（2）打开“文件”菜单，选择“新建项目”。依次加入模块文件，加入包含文件（如果没有包含文件，按取消键），保存项目。

（3）打开“仿真器”菜单，选择“仿真器设置”。对各个选项进行设置。

（4）点击“项目”菜单选择“编译”或点击快捷键“F9”。打开“窗口”菜单选择“信息窗口”观察程序编译是否出错。如有出错“X”号提示，鼠标双击信息窗口中“X”号行找到对应指令，进行修改，直至编译正确为止。

（5）单步调试程序以及全速执行程序。观察分析程序执行过程中各个窗口数据变化，如有错误，修改程序重新执行。

实训内容与步骤

```
MOV A,#69H
MOV B,#48H
MOV SP,#30H
PUSH A;（31H） =________
PUSH B;（32H） =________
MOV A,#74H
MOV B,#27H
POP B;（B） =________
POP A ;（A） =________
```

拓展训练

试对下面程序使用 WAVE6000 软件进行软件仿真，要求单步执行，观察分析对应窗口数值变化并填空。

```
MOV 23H,#30H;（23H） =________
MOV 12H,#34H ;（12H） =________
MOV R0,#23H ;（00H） =________
MOV R7,12H ;（07H） =________
MOV R1,#12H ;（01H） =________
MOV A,@R0 ;（A） =________
MOV 34H,@R1 ;（34H） =________
MOV 45H,34H ;（45H） =________
MOV DPTR,#6712H ;（DPL） =________
MOV 12H,DPH ;（12H） =________
MOV R0,DPL ;（R0） =________
MOV A,@R0 ;（A） =________
```

任务4

单片机应用技术实训
DANPIANJIYINGYONGJISHUSHIXUN

流 水 灯

通俗地讲，单片机的控制作用就是单片机把一些高低电平通过I/O口输出到外围电路，去控制外围电路的工作。本任务通过一个流水灯的制作，来学习单片机I/O口的输出功能。

◎ 任务目的

（1）通过流水灯的制作，掌握单片机I/O口的输出功能。

（2）了解单片机应用电路的制作过程。

（3）进一步熟悉WAVE6000软件的使用。

◎ 任务描述

8个LED灯接在89S51的P0口，编写程序实现8个LED灯逐个点亮。

硬件知识

1. 硬件电路原理图

单片机实验板电路原理图如图4－1。

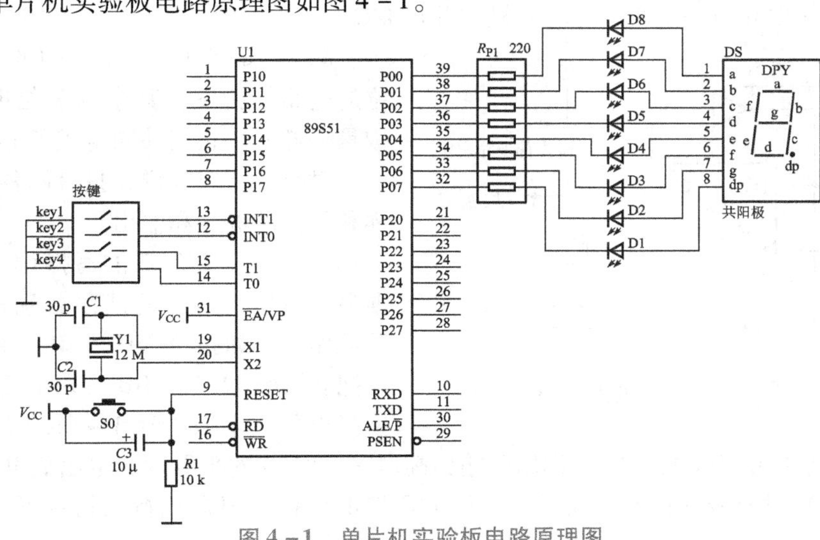

图4－1　单片机实验板电路原理图

2. 89S51 的并行 I/O 口

表 4－1 为 89S51 并行 I/O 口的功能。

表 4－1　89S51 并行 I/O 口的功能

端口	引脚	字节地址	第一功能		第二功能	
			名称	功能描述	名称	功能描述
P0	39～32	80H	P0.0～P0.7	通用 I/O 口	AD0～AD7	数据总线/地址总线低 8 位
P1	1～8	90H	P1.0～P1.7	通用 I/O 口	—	
P2	21～28	0A0H	P2.0～P2.7	通用 I/O 口	A8～A15	地址总线高 8 位
P3	10	0B0H	P3.0	通用 I/O 口	RXD	串行接口输入
	11		P3.1		TXD	串行接口输出
	12		P3.2		$\overline{INT0}$	外部中断 0 输入
	13		P3.3		$\overline{INT1}$	外部中断 1 输入
	14		P3.4		T0	定时器 0 外部输入
	15		P3.5		T1	定时器 1 外部输入
	16		P3.6		$\overline{WR}$	片外 RAM“写”信号线
	17		P3.7		$\overline{RD}$	片外 RAM“读”信号线

3. P1 口的位结构

P1 口是 89S51 单片机 4 个并行 I/O 中电路结构和功能最简单的，我们以它为例，简单介绍一下 89S51 单片机的并行 I/O 口。

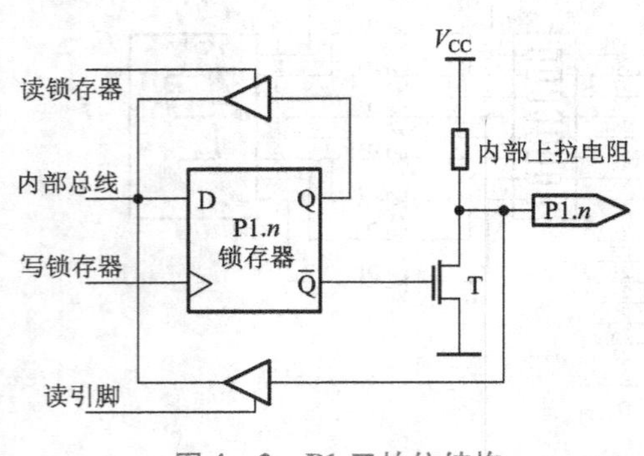

图 4－2　P1 口的位结构

图 4－2 是 P1 口 8 位中的其中 1 位的电路结构图，其余的 7 位电路结构是一样的，它们共同组成了 P1 口。

对于 I/O 口来说，只有两种操作，读和写，即输入和输出。

（1）对于 I/O 口的写操作。把数据写入 I/O 口对应的锁存器就完成了写操作。例如指令 MOV　P1，#0FEH 就把立即数 11111110B 写入了 P1 口的锁存器中，对应的 P1.1～P1.7 的 T 都截止，端口由于上拉电阻的作用而输出高电平；P1.0 的 T 导通，输出低电平。

（2）对于 I/O 口的读操作。对于 I/O 口的读操作根据执行的指令不同分为两种操作：

① 读引脚。其作用就是把外部引脚的电平读入，是真正的输入。比如 MOV A，P1 就是把 P1 口八根引脚上的电平输入到累加器 A 中。

② 读锁存器。在执行所谓的“读—修改—写”指令时执行读锁存器操作。例如：ANL P1，A 这条指令。具体过程是这样的：读出锁存器上的原有内容，和 A 里的内容进行逻辑与运算，结果再写入 P1 中。

本任务中需要同学们掌握 I/O 口用作输出端口的使用方法，在任务五中学习 I/O 口用作输入端口的使用方法。

软件知识

1. 相关指令

表4－2为相关指令。

表4－2 相关指令

功能	指令	举例	
		指令	功能
累加器 A 里的内容循环左移一位	RL A	RL A	设当前 A 里内容为：a b c d e f g h，执行一条 RL A 指令以后其内容为：b c d e f g h a，再执行一条 RL A 指令以后其内容为：c d e f g h a b
累加器 A 里的内容循环右移一位	RR A	RR A	设当前 A 里内容为：a b c d e f g h，执行一条 RR A 指令以后其内容为：h a b c d e f g，再执行一条 RR A 指令以后其内容为：g h a b c d e f
子程序调用指令	LCALL 标号	LCALL DELAY	调用名称为 DELAY 的子程序
子程序返回指令	RET	RET	子程序结束，返回原调用处继续执行

2. 子程序

能被其他程序调用，在实现某种功能后能自动返回到调用程序去的程序，称为子程序。其最后一条指令一定是返回指令，故能保证重新返回到调用它的程序中去。也可调用其他子程序，甚至可自身调用。

例如本任务的参考程序中的子程序：

```
DELAY:     MOV   R7,#0FFH    ; 延时子程序
L1:        MOV   R6,#0FFH
```

```
DJNZ   R6,$
DJNZ   R7,L1
RET
```

执行 RET 指令之所以能返回到原调用处继续运行，是因为子程序调用时把断点地址压入堆栈中保存，执行 RET 指令，把断点地址从堆栈中弹出的缘故。

3. 流水灯的状态表

表 4-3 为流水灯的状态表。

表 4-3　流水灯的状态表

节拍	D7	D6	D5	D4	D3	D2	D1	D0
0	灭	灭	灭	灭	灭	灭	灭	亮
1	灭	灭	灭	灭	灭	灭	亮	灭
2	灭	灭	灭	灭	灭	亮	灭	灭
3	灭	灭	灭	灭	亮	灭	灭	灭
4	灭	灭	灭	亮	灭	灭	灭	灭
5	灭	灭	亮	灭	灭	灭	灭	灭
6	灭	亮	灭	灭	灭	灭	灭	灭
7	亮	灭	灭	灭	灭	灭	灭	灭

4. P0 口输出的状态表

当 P0 口输出低电平时，对应的 LED 点亮，所以得到 P0 口输出的状态表 4-4。

表 4-4　P0 口输出的状态

节拍	P0.7	P0.6	P0.5	P0.4	P0.3	P0.2	P0.1	P0.0	P0
0	1	1	1	1	1	1	1	0	0FEH
1	1	1	1	1	1	1	0	1	0FDH
2	1	1	1	1	1	0	1	1	0FBH
3	1	1	1	1	0	1	1	1	0F7H
4	1	1	1	0	1	1	1	1	0EFH
5	1	1	0	1	1	1	1	1	0DFH
6	1	0	1	1	1	1	1	1	0BFH
7	0	1	1	1	1	1	1	1	7FH

表 4-4 可以看出，只要逐次往 P0 口输出 0FEH、0FDH、…7FH，就可以得到流水灯花样输出。按照这样的思路，编写出参考程序 1。

从表4－4中我们还可以发现一个规律，那就是P0口的内容在逐步左移，那我们就可以使用RL　A指令实现左移，再执行一条MOV　P0，A就可以了。之所以不使用RL　P0是因为这条指令是非法的，MCS－51系列单片机指令系统里没有这条指令。按照这样的思路，编写出参考程序2。

实训内容与步骤

1. 流水灯参考程序1

```
          ORG   0000H          ；定位伪指令，指定下一条指令的地址
K1：      MOV   P0,#0FEH       ；把第1拍显示代码送P0口
          LCALL DELAY          ；调用延时子程序
          MOV   P0,#0FDH       ；把第2拍显示代码送P0口
          LCALL DELAY          ；调用延时子程序
          MOV   P0,#0FBH       ；把第3拍显示代码送P0口
          LCALL DELAY          ；调用延时子程序
          MOV   P0,#0F7H       ；把第4拍显示代码送P0口
          LCALL DELAY          ；调用延时子程序
          MOV   P0,#0EFH       ；把第5拍显示代码送P0口
          LCALL DELAY          ；调用延时子程序
          MOV   P0,#0DFH       ；把第6拍显示代码送P0口
          LCALL DELAY          ；调用延时子程序
          MOV   P0,#0BFH       ；把第7拍显示代码送P0口
          LCALL DELAY          ；调用延时子程序
          MOV   P0,#07FH       ；把第8拍显示代码送P0口
          LCALL DELAY          ；调用延时子程序
          SJMP  K1             ；返回，继续下一轮循环

DELAY：   MOV   R7,#0FFH       ；延时子程序
L1：      MOV   R6,#0FFH
          DJNZ  R6,$
          DJNZ  R7,L1
          RET

          END                  ；程序结束
```

2. WAVE6000调试程序

在任务三中我们学习了使用WAVE6000调试程序的一些基本方法。现在我

们继续学习其中的一些方法和技巧。

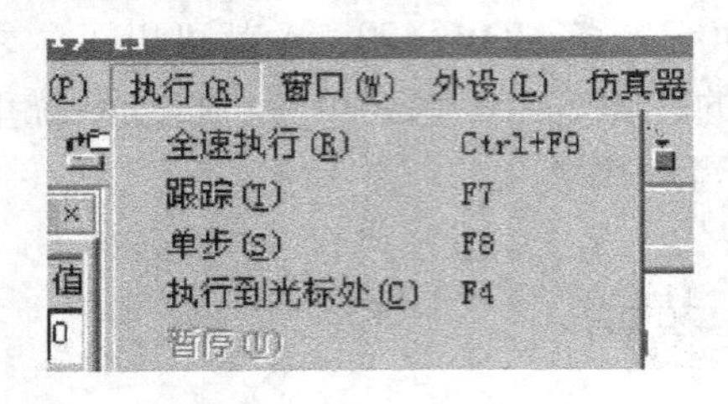

图 4-3　跟踪和单步命令

(1) 跟踪(F7)与单步(F8)执行。在调试程序中常用跟踪(F7)和单步(F8)两个命令，见图 4-3。这两个命令的区别在于：

跟踪执行(F7)，运行每一条指令，当运行到子程序调用指令 LCALL 时，会转到子程序中执行子程序中每一条指令。遇到 RET 指令返回调用处。

在本任务中，同学们会发现，跟踪执行延时子程序的时间太漫长了，狂按 F7，还是没有执行完，程序调试不到下一步，怎么办？

可以改用单步执行命令。单步执行(F8)只运行当前程序中指令，遇到子程序调用指令 LCALL 时，会全速执行完子程序，然后返回。由于全速执行时运行速度很快，基本感觉不到延迟，给我们的感觉好像子程序没有执行，直接跳到下一步一样。但是，我们在图 4-4 可以看到执行时间却已经过去了。

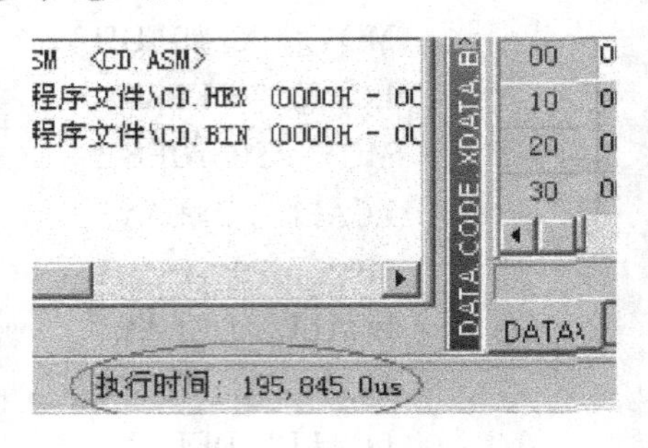

图 4-4　程序执行时间

(2) 查看外设的内容。在用 WAVE6000 软件模拟仿真时，可以在 SFR 窗口中可以看到 P0 的内容，进而了解外接 LED 的亮灭。但是这样看起来不够直观。还有另外一种方法可以看到 I/O 口的内容，那就是查看外设窗口。

打开“外设”菜单——选择端口，可以看到单片机的 4 个 I/O 的状态，如图 4-5，图 4-6 所示。

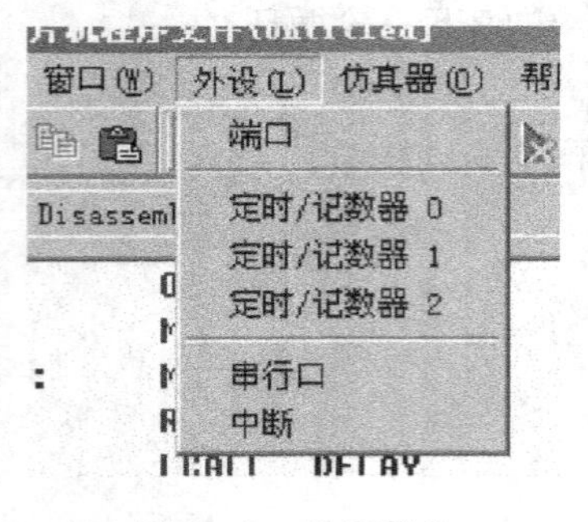

图 4-5　外设菜单

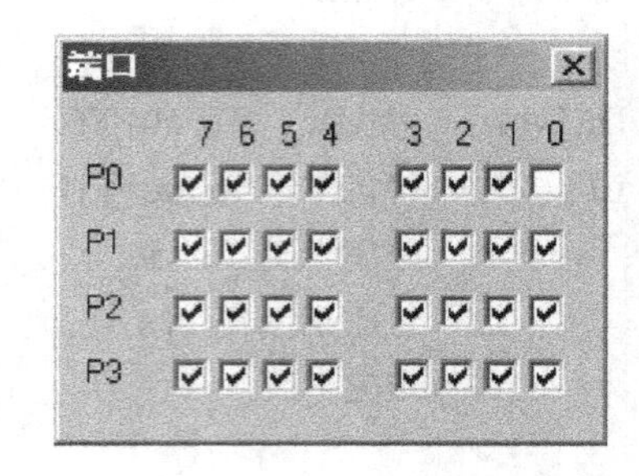

图 4-6　I/O 端口

在图 4-6 中打上√的表示该位是输出高电平，空白的表示该位输出低电平，图中所示为P0.0输出低电平，所接的LED点亮。按下F8单步执行程序，会看到空白处会向左方移动，形象的看到了程序运行结果。

3. 参考程序2

```
        ORG   0000H        ；定位伪指令，指定下一条指令的地址
        MOV   A,#0FEH      ；显示代码初值送累加器A
K1：    MOV   P0,A         ；把显示代码传送到P0口输出，控制LED亮灭
        RL    A            ；执行显示代码左移，暂存在A中
        LCALL DELAY        ；调用延时子程序
        SJMP  K1           ；返回，继续下一拍

DELAY： MOV   R7,#0FFH     ；延时子程序
L1：    MOV   R6,#0FFH
L2：    NOP
        DJNZ  R6,L2
        DJNZ  R7,L1
        RET

        END                ；程序结束
```

把上述程序在WAVE6000中编辑、汇编，用软件仿真运行、调试无误，把得到bin格式或者hex格式的目标文件，通过烧录器或者下载线，保存到单片机的程序存储器中。把单片机插入实验板插座里，上电运行，观察运行结果。

拓展训练

如何修改程序，使流水灯改变成另外一个移动方向。

任务5

单片机应用技术实训 DANPIANJIYINGYONGJISHUSHIXUN

按键控制 LED 灯

在单片机应用系统中，通常都要求单片机有人机对话功能。需要输入信息，实现对系统的控制，这时就需要键盘。单片机的端口除了做输出外也可用做输入。本任务通过制作一个使用按键控制 LED 灯，来学习单片机端口输入的使用方法，同时学习常用的输出设备：LED 数码管。

◎ 任务目的

（1）理解通过软件改变电路功能。

（2）理解 I/O 端口的输入、输出功能。

（3）学会编写数码管显示数字的程序。

◎ 任务描述

（1）按下按键，控制 LED 灯发光。

（2）通过改变程序，实现控制不同的 LED 灯发光。

（3）按下不同的按键，用数码管显示 1—4。

硬 件 知 识

1. 电路原理图

电路原理图如图 5 - 1 所示。

2. 89S51 单片机端口的输入方法

89S51 单片机的外部端口均为双向端口，即：既可以用做输出，也可以用做输入。用做输入揣口时应当注意以下问题。

（1）端口用于输入前必须向端口写“1”。

（2）P0 口中无上拉电阻，用做开关输入时必须外加上拉电阻，而其他端口内部含有上拉电阻，用做开关输入时可不必外接上拉电阻。

3. 开关输入的连接方法

当需要使用的开关数量较少时，一般直接使用独立式按键输入，每个开关占用一个端口，其优点是编程简单，缺点是占用端口资源多。当需要的开关数量较多，CPU 端口不够用时，使用矩阵式输入，其优点是占用端口资源少，缺点是

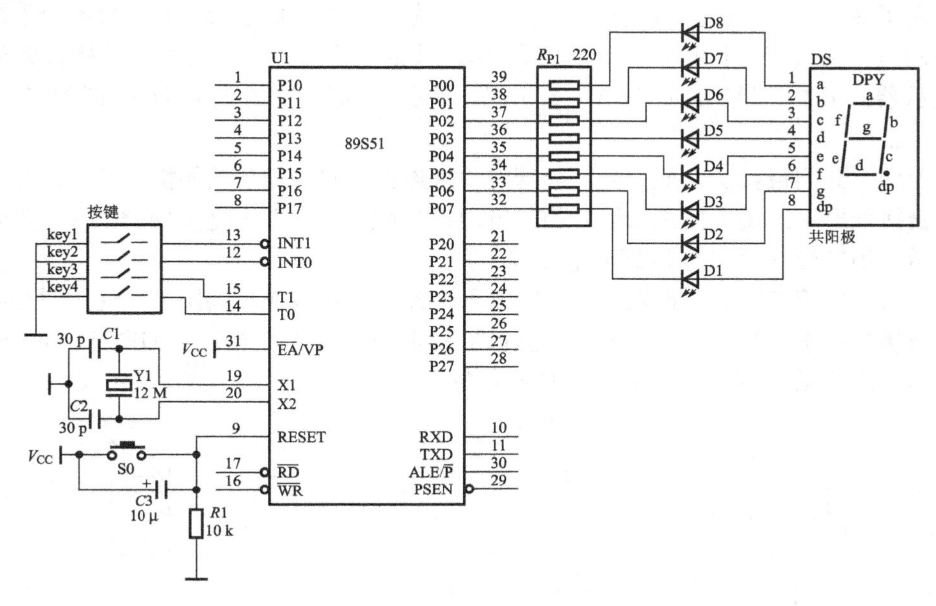

图5－1　学习板电路原理图

编程比较复杂。本任务中使用独立式按键输入方法。

图5－2所示为一个独立式按键输入的常用连接方法，当按键按下时CPU端口为“0”，当按键松开时CPU端口为“1”。通过程序读取端口状态就能知道开关的状态。

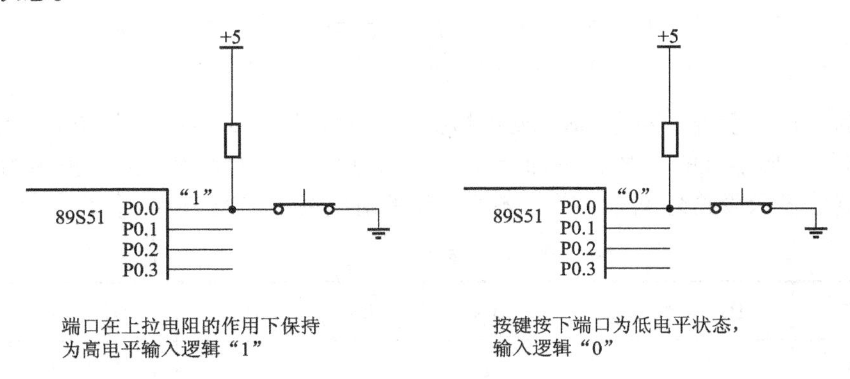

图5－2　独立式按键输入

89S51单片机中各端口用做输入时除P0端口外，其他端口内部都具有上拉电阻，因此使用这些端口做开关输入时可不用外接上拉电阻。由于实验板上的按键使用了P3口的4根I/O口线，因此可以省略外接上拉电阻。

4. LED数码管

LED数码显示器是一种由LED发光二极管组合显示字符的显示器件。它使用了8个LED发光二极管，其中7个发光二极管构成字形“8”的各个笔画（段）a~g，另1个用于显示小数点dp，故通常称之为8段发光二极管数码显示器。其内部结构如图5-3（a）所示。LED数码显示器有两种连接方法。

（1）共阴极接法。把发光二极管的阴极连在一起构成公共阴极，使用时公共阴极接低电平。每个发光二极管的阳极通过电阻与输入端相连。如图5-3（b）所示。当笔画（字段）接高电平时被点亮。

（2）共阳极接法。把发光二极管的阳极连在一起构成公共阳极，使用时公共阳极接高电平，每个发光二极管的阴极通过电阻与输入端相连。如图5-3（c）所示。当笔画（字段）接低电平时被点亮。

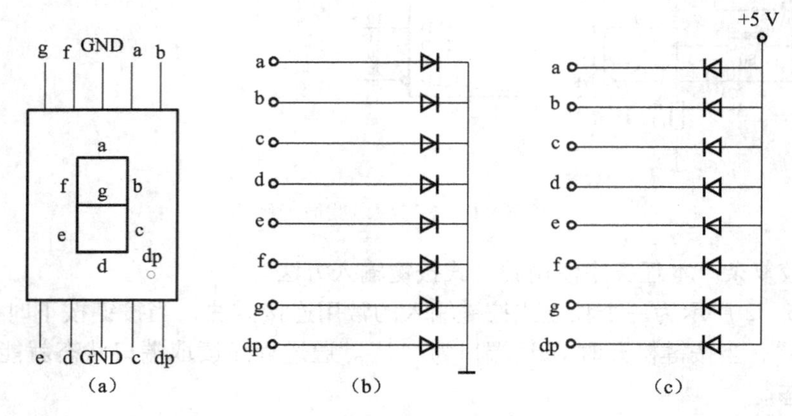

图5-3　LED数码显示器的结构与显示段码

（a）符号和引脚；（b）共阴极结构；（c）共阳极结构

为了显示字符，要为LED显示器提供显示段码（或称字形代码），组成一个“8”字形字符的7段，再加上1个小数点位，共计8段，因此提供给LED显示器的显示段码为1个字节。各段码位的对应关系如表5-1所示。

表5-1　码位的对应关系

D7	D6	D5	D4	D3	D2	D1	D0
dp	g	f	e	d	c	b	a

在本任务的实验板上采用了共阳极LED数码管，当笔画（字段）接低电平时被点亮。要显示“0”，须令a b c d e f为“0”电平，g dp为“1”电平。因此共阳极LED数码管显示“0”的字符编码为11000000B，即0C0H。只需在P0口输出0C0H，就可以使LED数码管显示“0”。

软件知识

1. 用于输入的指令

表5－2为用于输入的指令。

表5－2　用于输入的指令

功　能	指　令	举　例	
		指　令	功　能
读取一个端口的状态	MOV C，bit	MOV C，P3.2	把P3.2端口的状态送到C
读取一组端口的状态	MOV A，direct	MOV A，P3	把P3中8个端口的状态送到累加器A中
根据端口状态进行转移操作	JB bit，标号	JB P0.1，L1	如果P0.1为状态“1”，则转移至L1，如果P0.1为状态“0”，则顺序执行
	JNB bit，标号	JNB P1.6，L2	如果P1.6为状态“0”，则转移至L2，如果P1.6为状态“1”，则顺序执行

需要说明的是：以上几条指令都是读引脚的指令，关于读引脚和读锁存器的区别，见任务四的相关部分。

2. 其他指令

表5－3为其他指令。

表5－3　其他指令

功　能	指　令	举　例	
		指　令	功　能
把Cy的内容传送给指定位	MOV　bit，C	MOV C，P0.0	把C的值传送到P0.0端口输出
把指定位清0	CLR　bit	CLR　P0.0	P0.0清0，输出低电平
把指定位置1	SETB　bit	SETB　P0.1	P0.1置1，输出高电平
把立即数送内部存储单元	MOV direct，#data	MOV　P0，#0F9H	把立即数0F9H送给P0端口输出

3. 位操作与字节操作

从上表中可以看出：指令MOV C，P3.2与MOV A，P3有一个很大的不同就是操作的对象不同。MOV　C，P3.2 一次操作一位，而 MOV　A，P3 一次操作一个字节。类似的以位作为操作对象的指令一共有 17 条，称为位处理指令。例如 JB P0.1，L1，就是一条位处理指令。

位处理指令操作的对象是可直接寻址位，其寻址范围是 00H—0FFH，共 256 位。其中低 128 位的地址是连续的，地址范围是 00H—7FH。地址在 80H 以上的位都是特殊功能寄存器里的可直接寻址位，这些特殊功能寄存器的共同特点是其地址（注意：是特殊功能寄存器自己的字节地址，不是位地址）能被 8 整除，这样的特殊功能寄存器有 12 个，共有 93 个可直接寻址位（有 3 个位 IP.7、IP.6、IE.6 没有定义）。因此 80H 以上的位地址并不连续。详见任务三的相关部分。表 5-4 中列出了 P0～P3 口字节地址与位地址的关系。

表 5-4　P0～P3 口字节地址与位地址的关系

	字节地址	位地址							
		PX.7	PX.6	PX.5	PX.4	PX.3	PX.2	PX.1	PX.0
P0	80H	87H	86H	85H	84H	83H	82H	81H	80H
P1	90H	97H	96H	95H	94H	93H	92H	91H	90H
P2	0A0H	0A7H	0A6H	0A5H	0A4H	0A3H	0A2H	0A1H	0A0H
P3	0B0H	0B7H	0B6H	0B5H	0B4H	0B3H	0B2H	0B1H	0B0H

MOV　C，P3.3 和 MOV　C，0B3H 是完全相同的，位地址 0B3H 和 P3.3 是同一位，由于写 0B3H 不够直观，一般都用 P3.3 来表达。

实训内容与步骤

1. 按键控制对应 LED 灯点亮

参考程序如下：

```
        ORG 0000H       ; 定位伪指令，指定下一条指令的地址，第一条指令
                        ; 必须放在 0000H
L1：    MOV   A,P3      ; 把 P3 口的状态读入累加器 A 中
        MOV   P0,A      ; 把 A 中的数据送到 P0 口，控制 P0 口输出电平，控
                        ; 制 LED 亮灭
        SJMP  L1        ; 返回 L1，循环执行程序
        END             ; 结束伪指令
```

把这段程序在 WAVE6000 中编辑、汇编，用软件仿真运行、调试无误，把得到 bin 格式或者 hex 格式的目标文件，通过烧录器或者下载线，保存到单片机的程序存储器中。把单片机插入实验板插座里，上电运行，按下按键，观察

LED灯的亮灭。

分析该程序，我们发现，当按下P3口外接的按键时，与之连接的引脚变成低电平，单片机执行MOV A，P3指令时，该引脚的状态输入到A中。在执行MOV P0，A时，输出到P0口，与之对应的P0口引脚为低电平，点亮相应的LED灯。P3.2、P3.3、P3.4、P3.5分别控制P0.2、P0.3、P0.4、P0.5引脚连接的LED灯。

在实验中同学们会发现，当松开按键时，LED灯马上熄灭。那么能不能实现按一下亮，再按一下灭的功能呢？当然是可以的，不过那需要处理按键抖动的问题，程序比较复杂，我们在以后的任务中学习。

2. 模拟开关灯

参考程序如下：

```
        ORG 0000H
L1:     JB P3.2,L2       ；如果P3.2的状态为1（1号键未按），则跳转到L2
        CLR   P0.0       ；1号键按下，P0.0清0，输出低电平，LED发光
        SJMP   L1
L2:     JB P3.3,L1       ；如果P3.3的状态为1（2号键未按），则跳转到L1
        SETB   P0.0      ；2号键按下，P0.0置1，输出高电平，LED熄灭
        SJMP   L1
        END
```

按下1号键时，P3.2=0，程序从L1顺序执行，P0.0被清0，输出低电平，LED发光，1号键未按下，程序跳转到L2，检测2号键，即P3.3的状态，如果P3.3的状态为1（2号键未按），则跳转到L1，完成一个循环；如果P3.3的状态为0（2号键被按下），程序从L2顺序执行，P0.0置1，输出高电平，LED熄灭。最后执行SJMP　L1，回到开始处继续执行。

3. 按键控制任意LED灯点亮

参考程序如下：

```
        ORG 0000H        ；定位伪指令，指定下一条指令的地址，第一条指令
                         ；必须放在0000H
L1:     MOV A,P3         ；把P3口的状态读入累加器A中
        RL   A           ；A中的内容循环左移
        RL   A
        MOV   P0,A       ；把A中的数据送到P0口，控制P0口输出电平，
                         ；控制LED亮灭
        SJMP   L1        ；返回L1，循环执行程序
        END              ；结束伪指令
```

在以上的这段程序中，加了两条RL　A指令，实现了两次左移，这样

P3.2、P3.3、P3.4、P3.5 分别控制 P0.4、P0.5 、P0.6、P0.7 引脚连接的 LED 灯。由于 P0 口的排列顺序问题，在实验板上看起来灯是右移了。

如果需要控制的灯没有这样的左右移动的规律，可以使用以下程序：

```
        ORG 0000H
L1:     MOV   C,P3.2          ; 把 P3.2 引脚的状态读入进位标志位 C 中
        MOV   P0.0,C          ; 把 C 中的数据送到 P0.0 引脚，控制其输出
                              ; 电平，控制 LED; 亮灭
        MOV   P0.7,C          ; 注意：MOV P0.0，P3.2 是非法指令，必须
                              ; 通过 C 转送
        MOV   C,P3.3
        MOV   P0.1,C
        MOV   P0.6,C
        MOV   C,P3.4
        MOV   P0.2,C
        MOV   P0.5,C
        MOV   C,P3.5
        MOV   P0.3,C
        MOV   P0.4,C
        SJMP  L1              ; 返回 L1，循环执行程序
        END
```

这段程序实现了用一个按键控制指定的两个 LED 灯的功能。按照这样的规律修改程序，就可以实现按任意一个键，点亮任意 LED 的功能。同学们可以自己实验一下。

通过以上几个实验，可以看出通过修改程序就可以很方便地实现不同的功能，而不需要修改硬件电路。这一点给应用电路的设计带来很大的方便。

4. 用 LED 数码管显示 1、2、3、4

按下按键时，点亮正确的字段，就可以显示出数字，表 5－5 是实验板上使用的共阳极 LED 数码管显示 1、2、3、4 的字形代码。

表 5－5　实验板上使用的共阳极 LED 数码管显示 1、2、3、4 的字形代码

数字	dp	g	f	e	d	c	b	a	字段
1	1	1	1	1	1	0	0	1	0F9H
2	1	0	1	0	0	1	0	0	0A4H
3	1	0	1	1	0	0	0	0	0B0H
4	1	0	0	1	1	0	0	1	99H

参考程序如下：

```
ORG 0000H
L1：JB   P3.2,L2      ；如果 P3.2 的状态为 1，则跳转到 L2
    MOV   P0,#0F9H ；键被按下，P3.2 为 0，输出显示“1”的字形代码
                    ；到 P0 口
L2：JB   P3.3,L3      ；如果 P3.2 的状态为 1，则跳转到 L2
    MOV   P0,#0A4H ；键被按下，P3.2 为 0，输出显示“2”的字形代码
                    ；到 P0 口
L3：JB   P3.4,L4      ；如果 P3.2 的状态为 1，则跳转到 L2
    MOV   P0,#0B0H ；键被按下，P3.2 为 0，输出显示“3”的字形代码
                    ；到 P0 口
L4：JB   P3.5,L1      ；如果 P3.2 的状态为 1，则跳转到 L2
    MOV   P0,#99H   ；键被按下，P3.2 为 0，输出显示“4”的字形代码
                    ；到 P0 口
    SJMP   L1
    END
```

把这段程序在 WAVE6000 中编辑、汇编，用软件仿真运行、调试无误。把得到 bin 格式或者 hex 格式的目标文件，通过烧录器或者下载线，保存到单片机的程序存储器中。把单片机插入实验板插座里，上电运行，按下按键，观察 LED 数码管显示的数字。

拓展训练

编写程序实现按键显示另外 6 个数字中的 4 个。

任务6

单片机应用技术实训 DANPIANJIYINGYONGJISHUSHIXUN

复杂花样彩灯

复杂花样彩灯与流水灯采用相同的实验电路。通过编写不同的程序，达到流水灯的复杂显示效果，同时还增加了按键的控制功能。在本任务中，程序通过查表指令、子程序的调用来实现。

◎ 任务目的

（1）理解通过软件改变电路功能。

（2）掌握查表指令、子程序调用指令的编写。

（3）学会独立按键程序的编写。

◎ 任务描述

（1）数据传送指令实现彩灯显示。

（2）查表法实现彩灯显示。

（3）按下不同的按键，有对应的显示方式。

硬 件 知 识

• 电路原理图

电路原理图如图 6－1 所示。

软 件 知 识

1. 控制转移类指令

控制转移类指令分为：无条件转移指令、条件转移指令、子程序的调用及返回三大类。这些指令都是通过修改 PC 控制取指令地址，从而达到控制程序转移。此类指令一般不影响程序状态字 PSW。

（1）无条件转移指令。无条件转移指令分为：绝对转移指令、长转指令、相对短转指令和间接转移指令。

① AJMP（绝对转移指令）。

```
AJMP    addr11      ; PC10 ~0 ← addr11
```

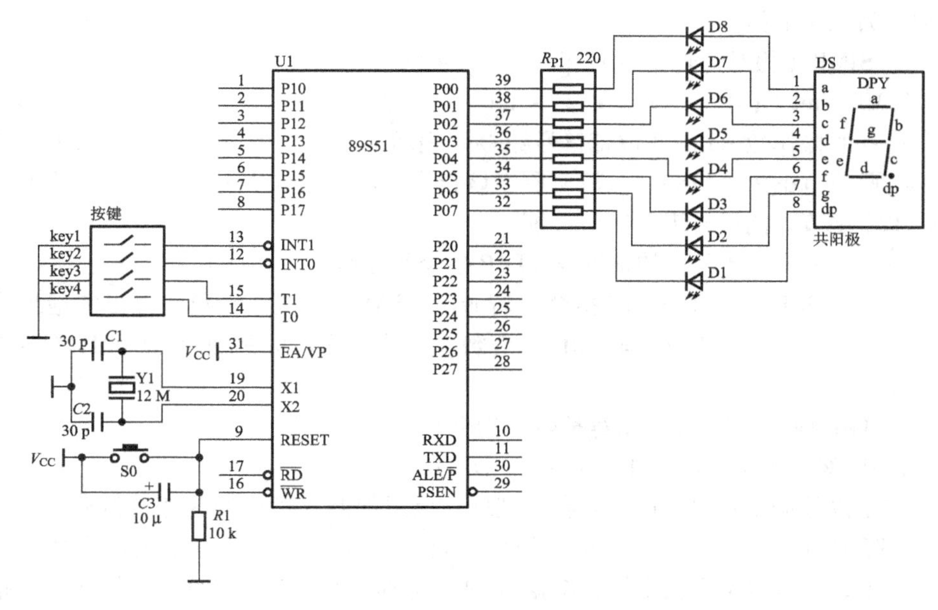

图6－1 学习板电路原理图

该指令执行后，程序转移的目的地址是由AJMP指令所在位置的地址PC值加上该指令字节数2，构成当前PC值。取当前PC值的高5位与指令中提供的11位直接地址形成转移的目的地址，即转移目的地址（PC）

$$PC_{15}\ PC_{14}\ PC_{13}\ PC_{12}\ PC_{11}\, a_{10}\ a_9\ a_8\ a_7\ a_6\ a_5\ a_4\ a_3\ a_2\ a_1\ a_0$$

这就要求给出的转移地址与执行该条指令后PC值高5位相同，只修改PC低11位。

由于11位地址的范围是00000000000～11111111111，即2 KB范围，而目的地址的高5位是由PC当前值，所以程序可转移的位置只能是和PC当前值在同一2 KB范围内。

例如：若AJMP指令地址（PC）＝2300H。执行指令AJMP　0FFH后，结果为：转移目的地址（PC）＝20FFH，程序向前转到20FFH单元开始执行。

又如：若AJMP指令地址（PC）＝2FFFH。执行指令AJMP　0FFH后，结果为：转移目的地址（PC）＝30FFH，程序向后转到30FFH单元开始执行。

② LJMP（长转指令）。

LJMP　addr16　　；PC ← addr16

LJMP指令执行后，程序无条件地转向16位目标地址（addr16）处执行，不影响标志位。由于指令中提供16位目标地址，所以执行这条指令可以使程序从当前地址转移到64 KB程序存储器地址空间的任意地址，故得名为“长转移”。

该指令为三字节指令。

③ SJMP（相对短转指令）。

SJMP rel ；PC ← PC + 2 + rel

指令的操作数 rel 用 8 位带符号数补码表示，占指令的一个字节。因为 8 位补码的取值范围为 -128 ~ +127，所以该指令的转移范围是：相对 PC 当前值向前转 128 字节，向后转 127 字节。即

转移目的地址 = SJMP 指令所在地址 +2 + rel

如在 2100H 单元有 SJMP 指令，若 rel = 5AH（正数），则转移目的地址为 215CH（向后转）；若 rel = F0H（负数），则转移目的地址为 20F2H（向前转）。

④ JMP @A + DPTR（相对长转移指令）。

JMP @A + DPTR ；PC ← A + DPTR

它是以数据指针 DPTR 的内容为基址，以累加器 A 的内容为相对偏移量，在 64 KB 范围内无条件转移。该指令的特点是转移地址可以在程序运行中加以改变。例如，当 DPTR 为确定值，根据 A 的不同值就可以实现多分支的转移。该指令在执行后不会改变 DPTR 及 A 中原来的内容。

转移地址由 A + DPTR 形成，并直接送入 PC。指令对 A、DPTR 和标志位均无影响。本指令可代替众多的判别跳转指令，又称为散转指令，多用于多分支程序结构中。

（2）条件转移指令。条件转移指令是当某种条件满足时，程序转移执行；条件不满足时，程序仍按原来顺序执行。由于该类指令采用相对寻址，因此程序可在以当前 PC 值为中心的 -128 ~ +127 范围内转移。该类指令共有 8 条，可以分为累加器 A 判零条件转移指令、比较条件转移指令和减 1 条件转移指令三类。

① 判零条件转移指令。判零条件转移指令以累加器 A 的内容是否为 0 作为转移的条件。JZ 指令是为 0 转移，不为 0 则顺序执行；JNZ 指令是不为 0 转移，为 0 则顺序执行。累加器 A 的内容是否为 0，是由这条指令以前的其他指令执行的结果决定的，执行这条指令不作任何运算，也不影响标志位。

JZ rel ；如果 A = 0，则转移，否则顺序执行。

JNZ rel ；如果 A ≠ 0，就转移。

转移到相对于当前 PC 值的 8 位移量的地址去。即：新的 PC 值 = 当前 PC + 偏移量 rel

我们在编写汇编语言源程序时，可以直接写成：

JZ 标号 ；即转移到标号处。

② 比较转移指令。比较转移指令共有 4 条。这组指令是先对两个规定的操作数进行比较，根据比较的结果来决定是否转移。若两个操作数相等，则不转移，程序顺序执行；若两个操作数不等，则转移。比较是进行一次减法运算，但

其差值不保存，两个数的原值不受影响，而标志位 CY 要受到影响。利用标志位 CY 作进一步的判断，可实现三分支转移，常用于分支程序设计中。

CJNE A，#data，rel

CJNE A，direct，rel

CJNE Rn，#data，rel

CJNE @Ri，#data，rel

此类指令的功能是将两个操作数比较，如果两者相等，就顺序执行，如果不相等，就转移。同样在使用时，我们可以将 rel 理解成标号，即：

CJNE A，#data，标号

CJNE A，direct，标号

CJNE Rn，#data，标号

CJNE @Ri，#data，标号

利用这些指令，可以判断两数是否相等。同时可以利用本指令判断两个无符号数的大小。如果两数不相等，若前面数大，则 CY=0，否则 CY=1。因此在程序转移后再次利用 CY 就可判断出哪个数大，哪个数小了。

③ 减 1 条件转移指令。

DJNZ Rn，rel

DJNZ direct，rel

减 1 条件转移指令有两条。每执行一次这种指令，就把第一操作数减 1，并把结果仍保存在第一操作数中，然后判断是否为零。若不为零，则转移到指定的地址单元，否则顺序执行。这组指令对于构成循环程序是十分有用的，可以指定任何一个工作寄存器或者内部 RAM 单元作为循环计数器。每循环一次，这种指令被执行一次，计数器就减 1。预定的循环次数不到，计数器不会为 0，转移执行循环操作；到达预定的循环次数，计数器就被减为 0，顺序执行下一条指令，也就结束了循环。

（3）子程序调用与返回指令。

① 子程序调用指令。

子程序调用指令有长调用和绝对调用两条，它们都是双周期指令。

LCALL　addr16　　；长调用指令（3 字节）

ACALL　addr11　　；短调用指令（2 字节）

上面两条指令都是在主程序中调用子程序，两者的区别：

对短调用指令，被调用子程序入口地址必须与调用指令的下一条指令的第一字节在相同的 2KB 存储区之内。使用时可以用标号表示子程序首地址。

LCALL 和 ACALL 指令类似于转移指令 LJMP 和 AJMP，不同之处在于它们在转移前要把执行完该指令的 PC 内容自动压入堆栈后，才将子程序入口地址 addr16（或 addr11）送 PC，实现转移。

LCALL 与 LJMP 一样提供 16 位地址，可调用 64 KB 范围内的子程序。由于该指令为 3 字节，所以执行该指令时首先应执行（PC）←（PC）+3，以获得下一条指令地址，并把此时的 PC 内容压入堆栈（先压入低字节，后压入高字节）作为返回地址，堆栈指针 SP 加 2 指向栈顶，然后把目的地址 addr16 送入 PC。该指令执行不影响标志位。

ACALL 与 AJMP 一样提供 11 位地址，只能调用与 PC 在同一 2 KB 范围内的子程序。由于该指令为 2 字节指令，所以执行该指令时应执行（PC）←（PC）+2 以获得下一条指令地址，并把该地址压入堆栈作为返回地址。

② 返回指令。返回指令共两条：一条是对应两条调用指令的子程序返回指令 RET，另一条是对应从中断服务程序的返回指令 RETI。

从两条指令的功能操作看，都是从堆栈中弹出返回地址送 PC，堆栈指针减 2，但它们是两条不同的指令。其有下面两点不同：

① 从使用上，RET 指令必须作子程序的最后一条指令；RETI 必须作中断服务程序的最后一条指令。

② RETI 指令除恢复断点地址外，还恢复 CPU 响应中断时硬件自动保护的现场信息。执行 RETI 指令后，将清除中断响应时所置位的优先级状态触发器，使得已申请的同级或低级中断申请可以响应；而 RET 指令只能恢复返回地址。

2. 查表指令

查表指令有两条：MOVC A，@A+DPTR 和 MOVC A，@A+PC。

MOVC A，@A+DPTR 指令，DPTR 作为基址寄存器时，可用于在 64KROM 范围内查表。编写查表程序时，首先把表的首址送入 DPTR 中，再将要查找的数据序号（或下表值）送入 A 中，然后就可以使用该指令进行查表操作，并将结果送累加器 A 中。

MOVC A，@A+PC 指令，PC 作为基址寄存器时，其值由指令的位置确定，它只能设在查表指令操作码下的 256 个字节范围内。编写查表程序时，首先把查表数据的序号送入 A 中，再把从查表指令到表的首地址间的偏移量与 A 值相加，然后使用该指令进行查表操作，并把结果送累加器 A 中。

查表程序是指适当的组织一些数据表格，跟控制程序一起事先输入到单片机的程序存储器中。使用查表指令能够快速得到结果数据。多用于代码转换，算术运算等。

例 6-1　将多位十六进制数转换成 ASCII 码，设 R0 低 4 位存放十六进制数，转换结果存于 R0 中。

子程序如下：

```
ASCII：PUSH A
       MOV A,R0            ；取十六进制数
```

```
        ANL A,#0FH          ；取低四位
        ADD A,#04H          ；偏移修正
        MOVC A,@A+PC        ；查表得ASCII码
        MOV R0,A            ；保存
        POP A
        RET
ASCTAB：DB 30H,31H,32H,33H,34H,35H,36H,37H
        DB 38H,39H,41H,42H,43H,44H,45H,46H
```

实训内容与步骤

1. *数据传送指令实现彩灯显示*

参考程序如下：

```
    ORG 0000H
MA：MOV P0,#7EH          ；P0.0和P0.7所对应的发光二极管点亮
    LCALL  DELAY         ；延时数码管显示时间以供观察
    MOV P0,#0BDH         ；P0.1和P0.6所对应的发光二极管点亮
    LCALL  DELAY
    MOV P0,#0DBH         ；P0.2和P0.5所对应的发光二极管点亮
    LCALL  DELAY
    MOV P0,#0E7H         ；P0.3和P0.4所对应的发光二极管点亮
    LCALL  DELAY
    SJMP   MA            ；跳转至程序开始端
DELAY：MOV R0,#0FFH      ；延时子程序 双循环结构
    L1：MOV R1,#0FFH
    L2：DJNZ R1,L2
    DJNZ R0,L1
    RET
    END
```

首先将此程序通过WAVE6000软件进行编译，然后将生成的BIN文件烧写至单片机，最后实验板通电观察发光二极管的亮与灭。

数据传送指令是发光二极管显示最直接的方法，通过对P0口的送值可以直观的控制每一个发光二极管的亮与灭。但对于复杂的显示任务，仅用数据传送指令构成的顺序结构程序，需要编写的指令过多，往往采用循环结构和分支结构进行编写。

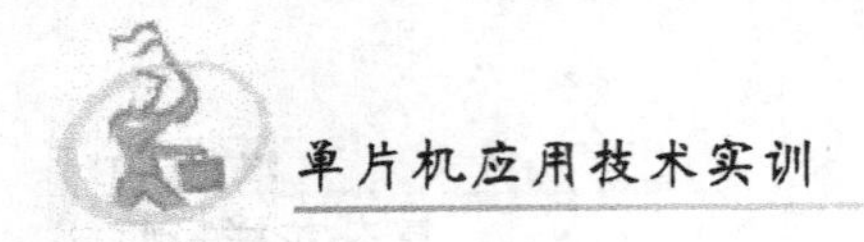

2. 查表法实现彩灯显示

参考程序如下：

```
        ORG 0000H
        LJMP MAIN               ；跳转至主程序
        ORG 0100H               ；重新分配主程序起始位置
MAIN：  CLR A                   ；对 A 清 0
M1：    MOV 40H,A               ；40H 单元暂存所取表格位数，重第 0 位开始
        MOV DPTR,#TAB           ；DPTR 指向数据表格首地址
LOOP：  MOVC A，@ A + DPTR      ；根据 A + DPTR 的地址查表取数并保存至 A
        MOV P0,A                ；通过 P0 口将查表值输出控制发光二极管
        LCALL DELAY             ；调用延时子程序方便用户观察
        INC 40H                 ；所取表格位数加 1，指向下一个数据
        MOV A,40H               ；40H 单元送至 A 中
        CJNE A,#08H,LOOP        ；判断循环次数是否到 8 次
        SJMP M1                 ；若不够 8 次跳转循环执行
TAB：   DB 01H 02H 04H 08H      ；数据表存预先保存的 8 个数据
        DB 10H 20H 40H 80H

DELAY：MOV 30H,#0FFH            ；延时子程序，可以通过调整循环次数
                                ；改变延时时间
L1：    MOV 31H,#0FFH
        DJNZ 31H，$
        DJNZ 30H,L1
        RET
        END
```

在程序的数据表中，应事先编好要输出显示的值。只要存储空间足够，可以将要显示的数码管效果一一转化成 8 位二进制并保存，再通过查表程序一一取出并显示。对于复杂的无规律的显示，往往采用查表的方法来实现。

3. 调用子程序实现数码管显示

要求：根据实验板电路 P0 口连接 8 个 LED，P3. 2 ~ P3. 5 引脚连接 4 个按键，每按下一个按键，有对应的显示方式出现。

参考程序如下：

```
        ORG 0
        MOV P0,#0FFH     ；程序开始，P0 口全为高，熄灭所有发光二极管
        MOV P3,#0FFH     ；按键引脚初始化为高电平
K1：    JB P3. 2,K2      ；判断第一个键是否按下，若按下则调用 XS1 子
```

```
                  ；程序
      LCALL XS1   ；调用 XS1 子程序
K2：  JB P3.3,K3  ；判断第二个键是否按下，若按下则调用 XS2 子
                  ；程序
      LCALL XS2   ；调用 XS2 子程序
K3：  JB P3.4,K4  ；判断第三个键是否按下，若按下则调用 XS3 子
                  ；程序
      LCALL XS3   ；调用 XS3 子程序
K4：  JB P3.5,K1  ；判断第四个键是否按下，若无按键按下返回重新
                  ；判断
      LCALL XS4   ；调用 XS4 子程序
      SJMP   K1   ；对应子程序执行完后，将返回重新判断按键
      ；XS1 显示子程序，利用循环左移指令控制发光二极管从右至左逐个
        点亮
XS1： MOV   A,#0FEH ；初始显示值
      MOV R2,#8   ；设置循环次数保存在 R2 中
M1：  MOV P0,A    ；将 A 中值通过 P0 口输出
      RL   A      ；左移 A 中数据，为下一次显示做准备
      LCALL DELAY ；调用延时子程序，控制显示时间
      DJNZ R2,M1  ；判断是否到循环次数
      RET         ；子程序返回
      ；XS2 显示子程序，利用循环右移指令控制发光二极管从左至右逐个
        点亮
XS2： MOV   A,#7FH ；初始最高位发光二极管熄灭
      MOV R2,#8
M2：  MOV P0,A
      RR   A      ；从左向右循环右移
      LCALL DELAY
      DJNZ R2,M2
      RET
      ；XS3 显示子程序，利用查表指令控制发光二极管无序显示
XS3： CLR A       ；对 A 清 0
XSM1：MOV 40H,A   ；40H 单元暂存所取表格位数，重第 0 位开始
      MOV DPTR,#TAB ；DPTR 指向数据表格首地址
LOOP：MOVC A，@A+DPTR ；根据 A+DPTR 的地址查表取数并保存
                      ；至 A
```

```
        MOV P0,A              ；通过 P0 口将查表值输出控制发光二极管
        LCALL DELAY           ；调用延时子程序方便用户观察
        INC 40H               ；所取表格位数加 1，指向下一个数据
        MOV A,40H             ；40H 单元送至 A 中
        CJNE A,#08H, LOOP     ；判断循环次数是否到 8 次
        RET                   ；若依次取完 8 次数据返回主程序
TAB:    DB 36H,54H,69H,0AAH,8AH,    ；无显示规律的数据表
        DB 6DH,70H,5BH,99H,05H,

；XS4 显示子程序，利用数据传送指令控制发光二极管对称成对熄灭
XS4:    MOV R2,#4             ；循环次数保存至 R2
M4:     MOV P0,#81H           ；两边发光二极管熄灭
        LCALL DELAY
        MOV P0,#42H
        LCALL DELAY
        MOV P0,#24H
        LCALL DELAY
        MOV P0,#18H
        LCALL DELAY
        DJNZ R2,M4            ；根据循环次数，循环显示上述程序
        RET
DELAY:  MOV R7,#0FFH          ；延时子程序
L1:     MOV R6,#0FFH
L2:     NOP
        NOP
        DJNZ R6,L2
        DJNZ R7,L1
        RET
        END
```

程序执行时，只要按下不同的按键，程序即会进入事先编写好的子程序中执行。本程序利用 JB 指令实现对独立按键的判断。采用调用子程序的方法，可以将每一个显示程序模块化，程序编写清楚有条理，同时有利于程序的修改和多次调用。通过按下不同的按键调用不同的子程序，也可以采用散转指令达到同样的效果。

拓展训练

试编写查表程序使实验板上的八段数码管依次显示0~9。

任务 7

单片机应用技术实训
DANPIANJIYINGYONGJISHUSHIXUN

计 数 器

在单片机应用系统中，很多时候需要对外部数据进行计数，例如记录按键次数。这时就需要数据显示，在任务五中已经介绍过数码管怎样显示数据，本任务通过按键与数码管的配合，来学习单片机怎样实现按键输入与计数。

◎ 任务目的

（1）理解按键识别与消抖。

（2）理解 I/O 端口的输入、输出功能。

（3）学会编写多位数码管显示数字的程序。

◎ 任务描述

（1）每按下 1 号键 1 次，显示的数据加 1。

（2）每按下 2 号键 1 次，显示的数据减 1。

硬 件 知 识

1. 电路原理图

电路原理图如图 7 - 1 所示。

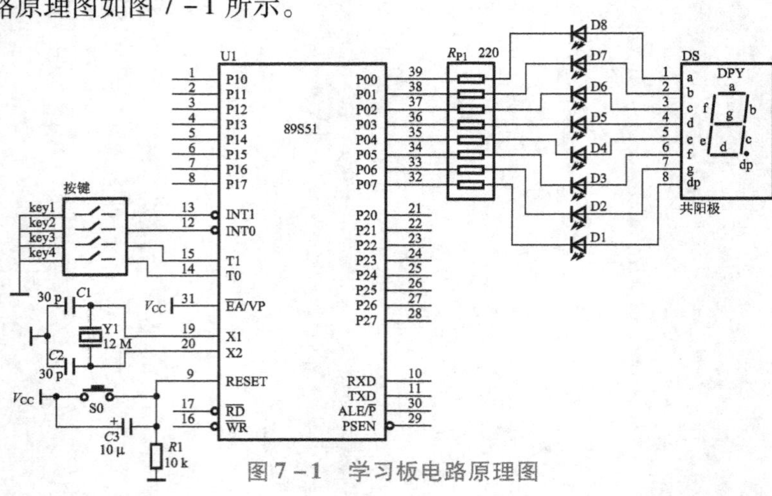

图 7 - 1 学习板电路原理图

2. 开关防抖

我们在使用开关时，每当我们按下或松开，在似接触却又没接触时，这时会出现多次的通断交替情况，通常称为抖动。抖动对于我们单片机这样的快速芯片，使单片机认为这个按键被多次按下。抖动的时间一般有几毫秒。所以编程的时候当我们检测到按键被按下时，先延时10ms，再检测此按键是否还是按下，如果是则说明次按键确实被正常按下，否则则可能是干扰或者是误操作。这样就可以避开抖动带来的误操作。当键松开时同样也要做这样的工作。

软件知识

1. 基本指令1

表7－1为基本指令1。

表7－1　基本指令1

功　能	指　令	举　例	
		指　令	功　能
数据传送指令	MOV A,#data	MOV A，#10H	把立即数10H送给ACC
ROM传送指令	MOVC A,@A+DPTR	MOVC A,@A+DPTR	将A+DPTR为地址的数据送至A
A不等“0”转移	JNZ　标号	JNZ　DEONE1	A不等“0”则转至DEONE1，否则顺序执行
Rn减一不等“0”转移	DJNZ　Rn，标号	DJNZ　R0　，DEL1	R0减一不等“0”转至DEL1，否则顺序执行
根据端口状态进行转移操作	JB bit，标号	JB　P3.2，EXITAD	如果P3.2为状态“1”，则转移至EXITAD，如果P3.2为状态“0”，则顺序执行
	JNB bit，标号	JNB P3.3，DEONE	如果P3.3为状态“0”，则转移至DEONE，如果P3.3为状态“1”，则顺序执行

需要说明的是：以上几条指令都是读引脚的指令，关于读引脚和读锁存器的区别，见任务四的相关部分。

2. 基本指令2

表7－2为基本指令2。

表7-2 基本指令2

功 能	指 令	举 例	
		指 令	功 能
绝对跳转	LJMP 标号	LJMP LOOP	跳转至 LOOP
异或指令	XRL A，direct	XRL A ，60H	A 中数据与 60H 中的数据异或送 A
无条件调用及返回	LCALL 标号	LCALL DEL	调用 DEL 子程序
	RET	RET	从子程序返回
自加一与自减一	INC Rn	INC 60H	60H 中的数自加一
	DEC Rn	DEC 60H	60H 中的数自减一

实训内容与步骤

1. 显示程序

参考程序如下：

```
ORG   0000H              ；定位伪指令，指定下一条指令的地址，第一条
                           指令必须放在0000H
      MOV   60H   ,#6    ；60H为显示缓冲区，60H数为多少（0—F
                         ；之间）就显示多少
      MOV   DPTR         ，#TAB；将段码表的首址送给DPTR
      MOV   A            ，60H；取所要显示的数据
      MOVC   A           ，@A+DPTR；查表取字形段码
      MOV   P0           ，A；将要显示的断码送到显示口显示
                         ；下面的为段码表
TAB：DB 0C0H,0F9H,0A4H,0B0H,99H,92H,82H,0F8H,
     DB 80H,90H,88H,83H,0C6H,0A1H,86H,8EH,
END                      ；结束伪指令
```

把这段程序在WAVE6000中编辑、汇编，用软件仿真运行、调试无误，把得到bin格式或者hex格式的目标文件，通过烧录器或者下载线，保存到单片机的程序存储器中。把单片机插入实验板插座里，上电运行，按下按键，观察LED灯的亮灭。

分析该程序，我们发现，程序第二行的60H中只要是什么样的数就会显示什么样的数。

2. 按键程序

关于按键，我们先考虑一下按键的过程，当我们按下一次按键到松开，要有两个边沿，对于我们实验板上的，是低电平触发，那么一次按键的过程要经过下降沿和上升沿。所以程序当中我们就要考虑到这样的情况。

下面的程序中，我们以60H单元为计数器，每当一号键按下，60H数加1，当是0FH时再按一号键，60H变为0。每当二号键按下时，60H数减1，当是0时再按二号键，60H变为0FH。

参考程序如下：

```
ORG      0000H
         MOV    P3   ,#0FFH          ；将P3口设置为输入端口
         MOV    60H  ，#0            ；先将60H置0
LOOP：   JNB    P3.2 ，ADONE         ；判断一号键是否按下
         JNB    P3.3 ，DEONE         ；判断二号键是否按下
         LJMP   LOOP                 ；都没有则继续检测
ADONE：  LCALL DEL                   ；若一号键按下，判断是否真按下
         JB     P3.2 ，EXITAD        ；消抖确认
         INC    60H                  ；确定按下时，将60H数加1
         MOV    A    ，#10H
         XRL    A    ，60H           ；判断60H数是否等于10H
         JNZ    ADONE1               ；不是则等待一号键松开
         MOV    60H  ，#0            ；是则将60H数置0
ADONE1： JNB    P3.2 ，ADONE1        ；等待一号键松开
         LCALL  DEL                  ；消抖
         JNB    P3.2 ，ADONE1
EXITAD： LJMP   LOOP                 ；一号键的一次操作完成
DEONE：  LCALL  DEL                  ；若二号键按下，判断是否真按下
         JB     P3.3 ，EXITDE        ；消抖确认
         DEC    60H                  ；确定按下时，将60H数减1
         MOV    A    ，#0FFH
         XRL    A    ，60H           ；判断60H数是否等于-1
         JNZ    DEONE1               ；不是则等待二号键松开
         MOV    60H  ，#0FH          ；是则将60H数置0FH
DEONE1： JNB    P3.3 ，DEONE1        ；等待一号键松开
         LCALL DEL                   ；消抖
         JNB    P3.3 ，DEONE1
EXITDE： LJMP   LOOP                 ；一号键的一次操作完成
```

```
DEL:     MOV   R0   , #25          ; 延时子程序
DEL1:    MOV   R1   , #200
         DJNZ  R1   , $
         DJNZ  R0   , DEL1
         RET
         END
```

把这段程序在 WAVE6000 中编辑、汇编，用软件仿真运行、调试无误，在 WAVE6000 中 SFR 窗口中，每次对 P3. 2 置 0 时，在 DATA 窗口中的 60H 中的数就加 1。每次对 P3. 3 置 0 时，60H 中的数就减 1。

3. 总程序

参考程序如下：

```
ORG      0000H
         MOV   P3   , #0FFH ; 将 P3 口设置为输入端口
         MOV   60H  , #0    ; 先将 60H 置 0
LOOP:    LCALL DISP         ; 调用显示子程序
         JNB   P3. 2 , ADONE ; 判断一号键是否按下
         JNB   P3. 3 , DEONE ; 判断二号键是否按下
         LJMP  LOOP         ; 都没有则继续检测
ADONE:   LCALL DEL          ; 若一号键按下，判断是否真按下
         JB    P3. 2 , EXITAD; 消抖确认
         INC   60H          ; 确定按下时，将 60H 数加 1
         MOV   A    , #10H
         XRL   A    , 60H   ; 判断 60H 数是否等于 10H
         JNZ   ADONE1       ; 不是则等待一号键松开
         MOV   60H  , #0    ; 是则将 60H 数置 0
ADONE1:  JNB   P3. 2 , ADONE1; 等待一号键松开
         LCALL DEL          ; 消抖
         JNB   P3. 2 , ADONE1
EXITAD:  LJMP  LOOP         ; 一号键的一次操作完成
DEONE:   LCALL DEL          ; 若二号键按下，判断是否真按下
         JB    P3. 3 , EXITDE; 消抖确认
         DEC   60H          ; 确定按下时，将 60H 数减 1
         MOV   A    , #0FFH
         XRL   A    , 60H   ; 判断 60H 数是否等于 -1
         JNZ   DEONE1       ; 不是则等待二号键松开
         MOV   60H  , #0FH  ; 是则将 60H 数置 0FH
```

```
DEONE1:   JNB   P3.3 , DEONE1; 等待一号键松开
          LCALL DEL          ; 消抖
          JNB   P3.3 , DEONE1;
EXITDE:   LJMP  LOOP         ; 一号键的一次操作完成
DISP:     MOV   DPTR , #TAB ; 将段码表的首址送给 DPTR
          MOV   A    , 60H   ; 取所要显示的数据
          MOVC  A    , @A+DPTR ; 查表取字形段码
          MOV   P0   , A      ; 将要显示的段码送到显示口显示
          RET                 ;   下面的为段码表
TAB:      DB 0C0H,0F9H,0A4H,0B0H,99H,92H,82H,0F8H,
          DB 80H ,90H ,88H ,83H ,0C6H,0A1H,86H,8EH,
DEL:      MOV   R0   ,#25     ; 延时子程序
DEL1:     MOV   R1   ,#200
          DJNZ  R1   , $
          DJNZ  R0   ,DEL1
          RET
          END
```

把这段程序在 WAVE6000 中编辑、汇编，用软件仿真运行、调试无误，把得到 bin 格式或者 hex 格式的目标文件，通过烧录器或者下载线，保存到单片机的程序存储器中。把单片机插入实验板插座里，上电运行，按下按键，观察 LED 数码管显示的数字。

这段程序实现了用两个按键控制数码管的加减功能。当一号键按下时，数码管的数据加一，当二号键按下时，数码管的数据减一。

拓展训练

编写程序实现三号键与四号键每按下一次数码管加减二。

任务8

单片机应用技术实训 DANPIANJIYINGYONGJISHUSHIXUN

BCD码相加

在单片机应用系统中，通常都要求进行BCD码的运算，特别是在十进制运算的系统中，很多的系统在人机界面的输出部分往往都要用十进制显示，所以BCD码是很重要的一部分。本任务通过WAVE6000软件来观看BCD码的相加过程。

◎ 任务目的

（1）理解什么是BCD码。

（2）理解BCD码相加的过程。

◎ 任务描述

（1）通过不同数据区的数据改变观察BCD码的情况。

（2）通过WAVE6000的窗口观察BCD码相加的情况。

软件知识

1. 用于加法运算的指令

表8－1用于加法运算的指令。

表8－1　用于加法运算的指令

功　能	指　令	举　例	
		指　令	功　能
把RAM单元的内容传送到累加器ACC中	MOV A，direct	MOV A，40H	把40H中的数据送到累加器A中
不带进位加法	ADD A，direct	ADD A，30H	把30H中的数和A中的数相加送A
带进位加法	ADDC A，direct	ADDC A，31H	把30H中的数、A中的数和Cy相加送A
十进制调整	DA　A	DA　A	在进行BCD码加法时对结果进行修正

2. 状态寄存器 PSW

D7	D6	D5	D4	D3	D2	D1	D0
Cy	AC	F0	RS1	RS0	OV	—	P

Cy：进位标志位。在加法或减法时，当和值大于 255 或差值小于 0 时，Cy 为 1 否则为 0。

AC：辅助进位标志位。在加法或减法时，D3 向 D4 有进位或借位，AC 为 1，否则为 0。

F0：用户标志位，用户可以自行定义。

RS1、RS0：当前寄存器组的选择位。

OV：溢出标志位。D6、D7 进位或借位不同时则发生溢出，即 OV 为 1，否则为 0。

P：奇偶标志位。当累加器 ACC 中 1 的个数为奇数时，P 为 1，否则为 0。

3. BCD 码基本知识

BCD 码有很多种表示方法，我们通常用的 BCD 码是 8421BCD 码，我们单片机课程当中的 BCD 码如不特别说明就是指 8421BCD 码，8421BCD 码实际就是用 0000—1001 这样十个四位二进制数表示 0—9 十个十进制数，但我们是以字节为单位的，一个字节是八位二进制数，如果高四位和第四位各存一个 BCD 码，这样叫做压缩 BCD 码。

实训内容与步骤

1. 两个四位十六进制数相加

程序中，31H 与 30H 储存的是一个加数，41H 与 40H 存储的是另一个加数，都以十六进制（即四位 2 进制）形式存储，其中 31H 是高位，30H 是低位。41H 和 40H 同样。两个加数相加后存储在 52H、51H、50H。其中如有进位，则进位位存储在 52H 中，51H 存高位，50H 存低位。

参考程序如下：

```
ORG  0000H          ；定位伪指令，指定下一条指令的地址，第一条指令
                    ；必须放在 0000H
MOV  30H ,#78H      ；第一个加数的高位。具体数值可以自己修改！
MOV  31H ,#34H      ；第一个加数的低位。具体数值可以自己修改！
MOV  40H ,#56H      ；第二个加数的高位。具体数值可以自己修改！
MOV  41H ,#12H      ；第二个加数的低位。具体数值可以自己修改！
MOV  50H ,#0        ；将和值所要存储的数据区先清零。
```

```
MOV   51H ,#0
MOV   52H ,#0
MOV   A   ,40H      ; 因为加减指令必有一个为ACC暂存器，所以先将一
                    ; 个加数的低位送至ACC中，用于和另一个加数的低
                    ; 位相加。
ADD   A   ,30H      ; 将一个加数的低位和另一个加数的低位相加
MOV   50H ,A        ; 将和值存至和值寄存器的低位
MOV   A   ,41H
ADDC  A   ,31H      ; 将两个加数的高位相加
MOV   51H ,A        ; 将和值的数据存至和值高位
MOV   A   ,#0       ; 如果有进位的话，将进位放至万位，即将进位位Cy
                    ; 加至ACC即可。
ADDC  A   ,#0       ; ACC与0带进位位相加，就把Cy加至ACC了
MOV   52H ,A        ; 将进位位存至52H。
END                 ; 结束伪指令。
```

把这段程序在WAVE6000中编辑、汇编，用软件仿真运行，我们通过按F8单步执行，来观察SFR中的累加器ACC、状态寄存器PSW的内容（进位标志位Cy）的变化，与DATA窗口中30H、31H、40H、41H、50H、51H、52H几个单元中的数据变化，来感受十六进制与十进制的数据变化情况。

2. 两个四位十进制数相加

程序中，31H与30H储存的是一个加数，41H与40H存储的是另一个加数，都以压缩BCD码形式存储，其中31H高四位是千位，低四位是百位，30H高四位是十位，低四位是个位。41H和40H同样。两个加数相加后存储在52H、51H、50H。其中如有进位，则万位存储在52H的低四位，51H存千位与百位，50H存十位与个位。

参考程序如下：

```
ORG   0000H        ; 定位伪指令，指定下一条指令的地址，第一条指令必
                   ; 须放在0000H
MOV   30H ,#78H    ; 第一个加数的十位与个位。具体数值可以自己修改！
MOV   31H ,#34H    ; 第一个加数的千位与百位。具体数值可以自己修改！
MOV   40H ,#56H    ; 第二个加数的十位与个位。具体数值可以自己修改！
MOV   41H ,#12H    ; 第二个加数的千位与百位。具体数值可以自己修改！
MOV   50H ,#0      ; 将和值所要存储的数据区先清零。
MOV   51H ,#0
MOV   52H ,#0
MOV   A   ,40H     ; 因为加减指令必有一个为ACC暂存器，所以先将一个
```

```
                    ；加数的低位送至ACC中，用于和另一个加数的低位
                    ；相加
ADD   A    ,30H     ；将一个加数的低位和另一个加数的低位相加。
DA    A             ；因为相加是按十六进制相加的，所以加完后要将十六
                    ；进制的数。转化为十进制的数。
MOV   50H ,A        ；将加完并转化完的十进制数存至和值寄存器的低位
MOV   A    ,41H
ADDC  A    ,31H     ；将两个加数的高位相加。
DA    A             ；将高位相加后调整。
MOV   51H ,A        ；将处理后的数据存至和值高位。
MOV   A    ,#0      ；如果有进位的话，将进位放至万位，即将进位位Cy
                    ；加至ACC即可。
ADDC  A    ,#0      ；ACC与0带进位位相加，就把Cy加至ACC了。
MOV   52H ,A        ；将万位存至52H。
END                 ；结束伪指令。
```

把这段程序在WAVE6000中编辑、汇编，用软件仿真运行，我们通过按F8单步执行，来观察SFR中的累加器ACC、状态寄存器PSW的内容（进位标志位Cy）的变化，与DATA窗口中30H、31H、40H、41H、50H、51H、52H几个单元中的数据变化，来感受十六进制与十进制的数据变化情况。

拓展训练

编写程序实现3个6位BCD码相加。

任务9

单片机应用技术实训
DANPIANJIYINGYONGJISHUSHIXUN

键控双向流水灯

中断控制是单片机最重要的技术之一，实时控制及人机交互等应用都是通过中断实现的。本任务通过制作一个用按键控制移动方向的流水灯来学习 MCS-51 单片机的中断系统，以及外部中断的简单应用。

◎ 任务目的

利用单片机外部中断，完成左右移动的流水彩灯设计，实现用按键对信号灯的控制。

◎ 任务描述

用单片机的 P3.2、P3.3 各接一只按键，按下一个按键时，实现彩灯左移花样，按下另一个按键时，实现彩灯右移花样。

硬件知识

1. 硬件电路原理图

图 9-1 为单片机实验电路原理图。

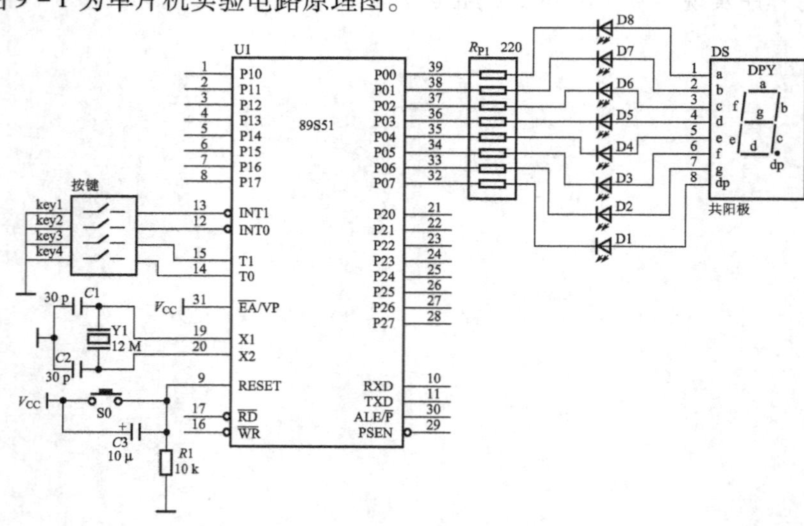

图 9-1　单片机实验板电路原理图

2. 中断的基本概念

（1）中断。当中央处理器 CPU 正在处理某事件时，与它并行工作的外围部件或者外部设备由于工作的需要或者出现故障，请求 CPU 迅速去处理，CPU 暂停当前工作，转去处理所发生的事件，处理结束之后，再回到被打断的地方继续原来的工作。这样的过程称为中断。

（2）中断源。能够产生中断请求的条件称为中断源。中断源可以来自单片机的外部和内部。在不同种类的单片机中，中断源的数量一般并不相同。MCS－51 单片机有 5 个中断源，见表 9－1。

表 9－1　MCS－51 的中断源

序号	位置	名称	中断源	产生条件
1	外部	$\overline{INT0}$	引脚 P3.2（12 脚）	P3.2 引脚出现低电平或下降沿
2		$\overline{INT1}$	引脚 P3.3（13 脚）	P3.3 引脚出现低电平或下降沿
3	内部	TF0	内部定时/计数器 0	计数器 0 溢出
4		TF1	内部定时/计数器 1	计数器 1 溢出
5		RI/TI	串行口	串行口发送完毕或者接收到一个字节

3. 与中断有关的寄存器

为了管理这些中断，MCS－51 单片机设置了一些中断控制标志位，分别在特殊功能寄存器：TCON、SCON、IE、IP 里，下面分别介绍。

（1）定时控制寄存器 TCON。外中断请求标志和定时/计数溢出中断标志锁存在定时控制寄存器 TCON 中，这个寄存器的各位定义如表 9－2。

表 9－2　寄存器的各位定义

TCON	位地址	8FH	8EH	8DH	8CH	8BH	8AH	89H	88H
88H	位名称	TF1	TR1	TF0	TR0	IE1	IT1	IE0	IT0

各个标志位的作用如表 9－3。

表 9－3　各个标志位的作用

标志位	名称	＝0 时的作用	＝1 时的作用	设置方式
TF1	定时/计数器 T1 中断标志位	无中断发生	T1 计数溢出产生中断请求	T1 计数溢出时自动置 1，申请中断，响应中断后自动清零
TR1	定时/计数器 T1 运行/停止控制位	定时/计数器 T1 停止	定时/计数器 T1 运行	由用户使用指令控制

续表

标志位	名称	=0 时的作用	=1 时的作用	设置方式
TF0	定时/计数器 T0 中断标志位	无中断发生	T0 计数溢出产生中断请求	T0 计数溢出时自动置 1，申请中断，响应中断后自动清零
TR0	定时/计数器 T0 运行/停止控制位	定时/计数器 T0 停止	定时/计数器 T0 运行	由用户使用指令控制
IE1	外部中断 1 中断标志位	无中断发生	有中断请求信号	满足中断条件自动置 1，申请中断，响应中断后自动清零
IT1	外部中断 1 触发方式控制位	P3.3 出现低电平时触发	P3.3 出现下降沿时触发	由用户事先使用指令设置
IE0	外部中断 0 中断标志位	无中断发生	有中断请求信号	满足中断条件自动置 1，申请中断，响应中断后自动清零
IT0	外部中断 0 触发方式控制位	P3.2 出现低电平时触发	P3.2 出现下降沿时触发	由用户事先使用指令设置

（2）串行控制寄存器 SCON。串行收发结束的中断标志位被锁存在定时控制寄存器 SCON 中，这个寄存器的各位定义如表 9－4。

表 9－4　寄存器的各位定义

SCON	位地址	9FH	9EH	9DH	9CH	9BH	9AH	99H	98H
98H	位名称	SM0	SM1	SM2	REN	TB8	RB8	TI	RI

这里只介绍 SCON 中与串行中断控制有关的低两位（TI、RI），如表 9－5。其他位在以后内容中介绍。

表9-5 SCON中与串行中断控制有关的低两位（T1、R1）

标志位	名称	=0时的作用	=1时的作用	设置方式
TI	串行发送结束标志位	无中断发生	串行发送1个字节结束	串行发送1个字节结束时自动置1，响应中断后必须由用户软件清零
RI	串行接收结束标志位	无中断发生	串行接收1个字节结束	串行接收1个字节结束时自动置1，响应中断后必须由用户软件清零

（3）中断允许控制寄存器IE。单片机在进行重要的工作时是不允许被打断的，所以设置了中断允许控制寄存器IE，只有在用户设置允许的情况下，才可以响应中断。IE寄存器的各位定义如表9-6。

表9-6 IE寄存器的各位定义

IE	位地址	AFH			ACH	ABH	AAH	A9H	A8H
A8H	位名称	EA	—	—	ES	ET1	EX1	ET0	EX0

各个标志位的作用如表9-7。

表9-7 各个标志位的作用

标志位	名　称	=0时的作用	=1时的作用	设置方式
EA	中断允许总控制位	关闭所有中断	允许所有中断	由用户事先使用指令设置
ES	串行中断允许位	关闭串行中断	允许串行中断	
ET1	定时/计数器T0的溢出中断允许位	关闭T1中断	允许T1中断	
EX1	外部中断1中断允许位	关闭外中断1	允许外中断1	
ET0	定时/计数器T0的溢出中断允许位	关闭T0中断	允许T0中断	
EX0	外部中断0中断允许位	关闭外中断0	允许外中断0	

（4）中断优先级控制寄存器IP。几个中断源同时申请中断或者CPU正在处于某中断处理过程中时，又有另一外部事件申请中断，CPU必须区分哪个中断源更重要，从而确定优先处理谁，这就是中断优先级的问题。MCS-51可以设置两个优先级，中断的优先级由中断优先级控制器IP来设置。IP寄存器的各位定义如表9-8。

表 9-8 IP 寄存器的各位定义

IP	位地址				BCH	BBH	BAH	B9H	B8H
B8H	位名称	—	—	—	PS	PT1	PX1	PT0	PX0

各个标志位的作用如表 9-9。

表 9-9 各个标志位的作用

标志位	名称	=0 时的作用	=1 时的作用	设置方式
PS	串行的中断优先级控制位	将串行中断设置为低优先级	将串行中断设置为高优先级	由用户事先使用指令设置
PT1	定时器 T1 的中断优先级控制位	将定时器 T1 中断设置为低优先级	将定时器 T1 中断设置为高优先级	
PX1	外中断 1 的中断优先级控制位	将外中断 1 中断设置为低优先级	将外中断 1 中断设置为高优先级	
PT0	定时器 T0 的中断优先级控制位	将定时器 T0 中断设置为低优先级	将定时器 T0 中断设置为高优先级	
PX0	外中断 0 的中断优先级控制位	将外中断 0 中断设置为低优先级	将外中断 0 中断设置为高优先级	

MCS-51 的中断系统可以用图 9-2 表示。

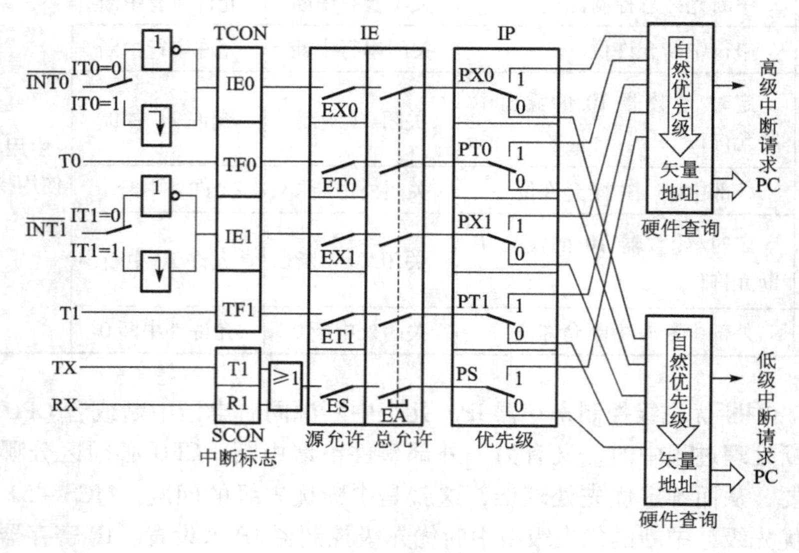

图 9-2 MCS-51 的中断系统

在本任务中，只使用了外中断，同学们可以先掌握住和外中断有关的几个标志位，别的标志位在以后的任务中遇到的时候再来学习。表9－10中是与外中断0有关的几个标志位。

表9－10　与外中断0有关的几个标志位

标志位	所在寄存器	=0时的作用	=1时的作用	设置方式
IE0	TCON	无中断发生	有中断请求信号	满足中断条件自动置1，申请中断，响应中断后自动清零
IT0		P3.2出现低电平时触发	P3.2出现下降沿时触发	由用户事先使用指令设置
EX0	IE	关闭外中断0	允许外中断0	
EA		关闭所有中断	允许所有中断	
PX0	IP	将外中断0中断设置为低优先级	将外中断0中断设置为高优先级	

4. 中断的响应过程

CPU响应中断时，会根据不同的中断源，自动转向不同的规定地址，执行中断服务程序，这个规定地址，称为中断向量。MCS－51的中断向量见表9－11。

表9－11　中断向量表

中断源	向量地址
外部中断0	0003H
定时/计数器T0	000BH
外部中断1	0013H
定时/计数器T1	001BH
串行中断	0023H

响应中断请求后，CPU按照中断源的不同，自动转到各个中断入口地址云执行程序。由于每个中断向量仅间隔8个字节，不可能放下一般的中断处理程序。因此一般在中断向量处放置一条无条件转移指令，转到真正的中断处理程序。

例如：外中断0的中断服务程序存放在INT0开始的地方，则编程如下：

```
ORG   0003H
LJMP  INT0
```

CPU执行中断处理时，如果执行到RETI指令，CPU返回至原中断处，继续执行下一条指令，中断处理程序执行完毕。

软件知识

1. 与中断有关的指令

表9-12为与中断有关的指令。

表9-12　与中断有关的指令

功　能	指　令	举　例	
		指　令	功　能
中断返回	RETI	RETI	放置在中断服务程序的最后，执行它就返回原中断处继续执行下一条指令，中断服务程序结束

执行RETI指令之所以能返回到原断点处继续运行，是因为中断发生时把断点地址压入堆栈中保存，执行RETI指令，把断点地址从堆栈中弹出的缘故。

2. 其他指令

表9-3为其他指令。

表9-13　其他指令

功　能	伪指令	举　例	
		伪指令	功　能
位地址符号伪指令	BIT	FX　BIT　00H	在程序中，用FX来代替位地址00H

```
FX      BIT   00H
        CLR   FX
        CLR   00H       ；这两条指令是完全一样的，都是把位地址00H清零
```

3. 中断程序的编写

中断程序的编写步骤如下：

（1）设置堆栈指针SP。

（2）中断源的相关控制（如设置外部中断触发方式、启动定时器等）。

（3）设置中断优先级。

（4）开中断。

（5）编写中断服务程序。

其中前4个步骤称为中断初始化，一般放在主程序的开始处。举例如下：

```
MAIN:   MOV   SP, #5FH      ; 设置堆栈栈底
        CLR   IT0           ; 设置外中断0为低电平触发
        CLR   IT1           ; 设置外中断1为低电平触发
        CLR   PX0           ; 设置外中断0为低优先级
        CLR   PX1           ; 设置外中断1为低优先级，由于复位时被
                            ; 清零，以上4条清零标志位的指令可以
                            ; 省略
        SETB  EX0           ; 开外中断0
        SETB  EX1           ; 开外中断1
        SETB  EA            ; 开总中断
```

4. 软件标志位

在汇编语言程序里，经常设置一些软件标志位。软件标志位值表示了某种状态，作为判断条件，决定程序的流向。举例如下：

```
        JB    FX, K1        ; FX=1（00H位为1），转移至K1，执行右移
        RL    A             ; FX=0，执行显示代码左移，暂存在A中
        SJMP  K2            ; 转移到K2，避开右移指令
K1:     RR    A             ; 显示代码右移
K2:     LACLL DELAY         ; 调用延时子程序
```

在本任务中，在中断服务程序中改变方向标志位 FX 的值，外部中断0服务程序中把 FX 清零，外部中断1服务程序中把 FX 置1。在执行 JB FX，K1 这条指令时，若方向标志位 FX=0，继续执行下一条 RL A 指令；若 FX=1，转去执行 K1：RL A 指令。实现了用按键控制彩灯移动方向的问题。

实训内容与步骤

1. 电平触发方式键控流水灯程序

（1）参考程序。

```
FX      BIT   00H           ; 位地址00H命名为FX

        ORG   0000H
        LJMP  MAIN          ; 转移到主程序
        ORG   0003H         ; 外中断0服务程序入口
        LJMP  INT0          ; 转移到外中断0服务程序
        ORG   0013H         ; 外中断1服务程序入口
        LJMP  INT1          ; 转移到外中断1服务程序
        ORG   0030H
```

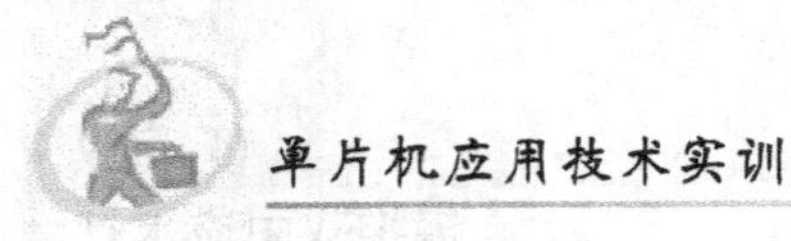


```
MAIN:   MOV  SP, #5FH      ; 设置堆栈栈底
        CLR  IT0           ; 设置外中断0为低电平触发
        CLR  IT1           ; 设置外中断1为低电平触发
        CLR  PX0           ; 设置外中断0为低优先级
        CLR  PX1           ; 设置外中断1为低优先级，由于复位时被
                           ; 清零，以上4条清零标志位的指令可以
                           ; 省略
        SETB  EX0          ; 开外中断0
        SETB  EX1          ; 开外中断1
        SETB  EA           ; 开总中断
        MOV  A, #0FEH      ; 显示代码初值送累加器A
K0:     MOV  P0, A         ; 把显示代码传送到P0口输出，控制LED
                           ; 亮灭
        JB  FX, K1         ; FX=1（00H位为1），转移至K1，执行
                           ; 右移
        RL  A              ; FX=0，执行显示代码左移，暂存在A中
        SJMP  K2           ; 转移到K2，避开右移指令
K1:     RR  A              ; 显示代码右移
K2:     LCALL  DELAY       ; 调用延时子程序
        SJMP  K0           ; 返回，继续下一拍

INT0:   CLR  FX            ; 外中断0服务程序，方向标志位清0
        RETI               ; 中断返回

INT1:   SETB  FX           ; 外中断1服务程序，方向标志位置1
        RETI               ; 中断返回

DELAY:  MOV  R7, #0FFH     ; 延时子程序
L1:     MOV  R6, #0FFH
        DJNZ  R6, $
        DJNZ  R7, L1
        RET
        END                ; 程序结束
```

把这段程序在WAVE6000中编辑、汇编，用软件仿真运行、调试无误，把得到bin格式或者hex格式的目标文件，通过烧录器或者下载线，保存到单片机的程序存储器中。把单片机插入实验板插座里，上电运行，分别按下两只按键，

观察运行结果。

（2）程序分析。按下 P3.2 处连接的按键，会在 P3.2 引脚（$\overline{INT0}$）输入一个低电平，触发外部中断 0，运行外部中断 0 服务程序，把方向标志位清零；按下 P3.3 处连接的按键，会触发外部中断 1，运行外部中断 1 服务程序，把方向标志位置 1。当主程序中执行到 JB　FX，K1 这条指令时，会根据 FX 的值是 0 还是 1，选择不同的流向，去执行 RL　A 或者执行 RR　A，使彩灯出现不同的移动方向。

如果一直按下一只按键，会发现流水灯的运行速度明显变慢，这是因为这段程序外部中断是采用了电平触发，当执行完中断服务程序，回到主程序时，外部中断触发信号仍然存在，所以在执行了一条主程序指令以后，又去执行中断服务程序，如此反复，使执行主程序的速度大大降低。

为了解决这个问题，可以采用下降沿触发外部中断。按下按键会产生一个下降沿，CPU 响应中断，执行完中断服务程序程序以后，只要不再次按下按键，就不会再有下降沿出现，不会再次响应中断，避免了上述问题。

2. 下降沿触发方式键控流水灯的程序

只需要在上述的程序中修改两条指令就可以了。

```
FX      BIT   00H          ; 位地址 00H 命名为 FX

        ORG   0000H
        LJMP  MAIN         ; 转移到主程序
        ORG   0003H        ; 外中断 0 服务程序入口
        LJMP  INT0         ; 转移到外中断 0 服务程序
        ORG   0013H        ; 外中断 1 服务程序入口
        LJMP  INT1         ; 转移到外中断 1 服务程序
        ORG   0030H
MAIN:   MOV   SP,#5FH      ; 设置堆栈栈底
        SETB  IT0          ; 设置外中断 0 为下降沿触发，注意此处做了
                           ; 修改
        SETB  IT1          ; 设置外中断 1 为下降沿触发，
        CLR   PX0          ; 设置外中断 0 为低优先级
        CLR   PX1          ; 设置外中断 1 为低优先级，由于复位时被清
                           ; 零，以上 2 条清零标志位的指令可以省略，
        SETB  EX0          ; 开外中断 0
        SETB  EX1          ; 开外中断 1
        SETB  EA           ; 开总中断
                           ; *******    以下和程序（1）完全一样。
```

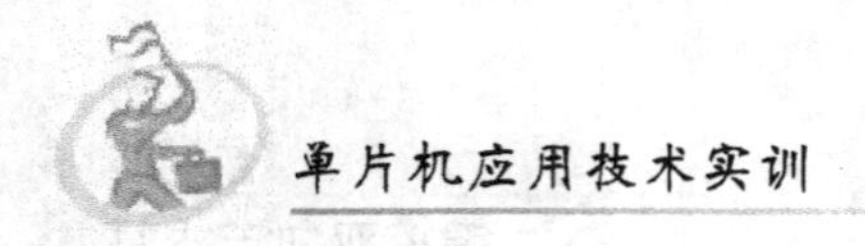


```
        MOV   A,#0FEH      ; 显示代码初值送累加器 A
K0:     MOV   P0,A         ; 把显示代码传送到 P0 口输出，控制 LED
                           ; 亮灭
        JB   FX,K1         ; FX =1（00H 位为 1），转移至 K1，执行
                           ; 右移
        RL   A             ; FX =0，执行显示代码左移，暂存在 A 中
        SJMP   K2          ; 转移到 K2，避开右移指令
K1:     RR   A             ; 显示代码右移
K2:     LCALL   DELAY      ; 调用延时子程序
        SJMP   K0          ; 返回，继续下一拍

INT0:   CLR   FX           ; 外中断 0 服务程序，方向标志位清 0
        RETI               ; 中断返回

INT1:   SETB   FX          ; 外中断 1 服务程序，方向标志位置 1
        RETI               ; 中断返回

DELAY:  MOV   R7,#0FFH     ; 延时子程序
L1:     MOV   R6,#0FFH
        DJNZ   R6,$
        DJNZ   R7,L1
        RET
        END                ; 程序结束
```

拓展训练

用按键控制流水灯的速度，按下一只按键速度变快，按下一只按键速度变慢。

单片机应用技术实训 DANPIANJIYINGYONGJISHUSHIXUN

任务10

单片机应用技术实训 DANPIANJIYINGYONGJISHUSHIXUN

按键改变速度的流水灯

在单片机应用程序中，有可能出现中断服务程序或者子程序会破坏主程序的工作现场，返回以后，主程序无法继续工作。为了防止这种情况的发生，需要在中断服务程序或者子程序中保护现场。

◎ 任务目的

通过制作一个按键改变速度的流水灯，学会中断的保护现场程序的编写，进一步熟悉外部中断程序的使用。

◎ 任务描述

每按一次接在 P3.2 的按钮，流水灯的速度就加快一些，按 7 次后还原为原来的速度。

硬件知识

- 硬件电路原理图

图 10－1 为单片机实验板电路原理图。

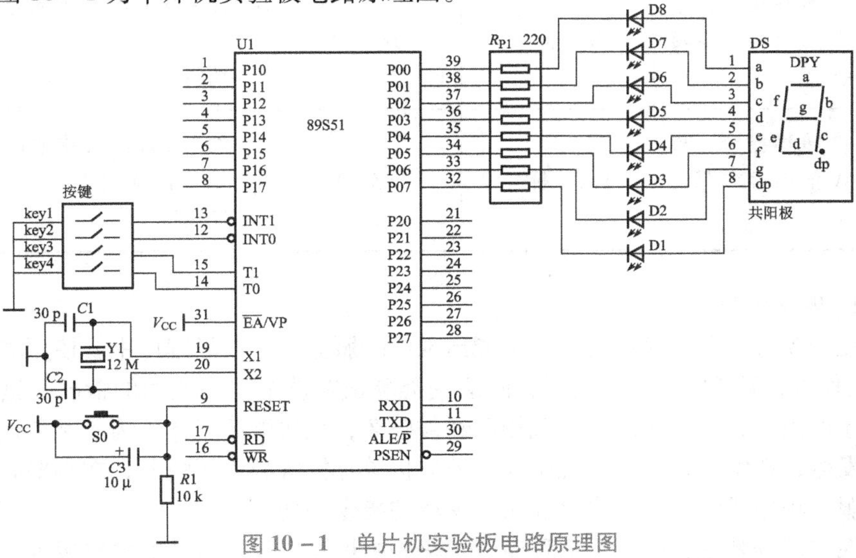

图 10－1　单片机实验板电路原理图

软件知识

1. 相关指令

表10－1为相关指令。

表10－1　相关指令

功　能	指　令	举　例	
		指　令	功　能
入栈指令，把指定字节的内容推入堆栈	PUSH　direct	PUSH　Acc	把累加器Acc的内容推入堆栈
出栈指令，把堆栈栈顶内容弹出到指定字节	POP　direct	POP　Acc	把堆栈栈顶内容弹出到Acc
设定堆栈栈底，一般设在内部RAM的高地址区	MOV　SP，#data	MOV　SP，#5FH	设定堆栈栈底在60H，60H以上为堆栈区
减法指令，A的内容减去立即数和进位标志位C，差存入A中	SUBB　A，#data	SUBB　A，#20H	A的内容减去20H和C里的内容，差存入A中
条件转移指令，累加器A的内容为零转移指令	JZ　标号	JZ　N1	如果累加器A中的内容为零，转移到N1处，否则顺序执行
条件转移指令，累加器A的内容非零转移指令	JNZ　标号	JNZ　N1	如果累加器A中的内容不为零，转移到N1处，否则顺序执行

2. 现场保护

在中断或者子程序调用时，可能出现中断服务程序、子程序中要使用累加器A，工作寄存器R0、R1等资源，而这些资源正在被主程序使用的情况。这样当子程序返回时，主程序的工作现场已经被破坏，无法继续工作。为了避免这种情况的发生，在编写程序的过程中要仔细分析单片机资源占用情况，在必要时要在中断服务程序或者子程序中增加保护现场的指令序列。

保护现场就是在中断服务程序、子程序中把与主程序有冲突的资源内容推入堆栈中保存，返回前再从堆栈中弹出，恢复现场。需要注意的是：入栈指令PUSH和出栈指令POP一定要成对使用，遵循先进后出，后进先出的堆栈使用原则。

例如本任务参考程序中的：

```
PUSH    ACC
…
POP     ACC
```

在本任务中由于按键与P3.2连接，可以应用外中断0完成加快速度的任务，由于显示代码存放在累加器A中，而在改变延时参数时会使用到A，因此必须在中断服务程序中保护现场。

如果是对于工作寄存器组的保护，不能通过堆栈进行。应该改变PSW中的RS1、RS0组合选择不同的工作寄存器组来实现对于工作现场的保护。

实训内容与步骤

参考程序

```
        ORG   0000H
        LJMP   MAIN         ；转移到主程序
        ORG   0003H         ；外中断0服务程序入口
        LJMP   INT0         ；转移到外中断0服务程序
        ORG   0030H
MAIN：  MOV   SP，#5FH      ；设置堆栈栈底
        SETB   IT0          ；设置外中断0为下降沿触发
        CLR    PX0          ；设置外中断0为低优先级。由于复位时被
                            ；清零，所以清零PX0的指令可以省略
        SETB   EX0          ；开外中断0
        SETB   EA           ；开总中断
        MOV   30H，#0E0H    ；设置延时参数

        MOV   A，#0FEH      ；显示代码初值送累加器A
K0：    MOV   P0，A         ；把显示代码传送到P0口输出，控制LED
                            ；亮灭
        RL    A             ；显示代码左移，暂存在A中
        LCALL  DELAY        ；调用延时子程序
        SJMP   K0           ；返回，继续下一拍
INT0：  PUSH   ACC          ；ACC入栈，保护现场
```

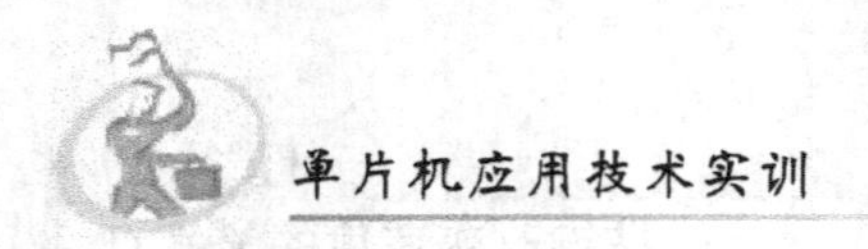


```
        LCALL   D10MS          ; 延时10ms，避开开关抖动
        MOV   A, 30H
        CLR   C
        SUBB  A, #20H          ; 减小延时参数
        JNZ   N1               ; A为0，速度已经到了最快
        MOV   A, #0E0H         ; 恢复最初的速度
N1:     MOV   30H, A
        POP   ACC              ; ACC出栈，恢复现场
        RETI

D10MS:  MOV   R5, #50          ; 在中断发生时，很有可能正在运行延时子
                               ; 程序R6，R7正在使用，此处如使用R6、
                               ; R7会破坏现场
L0:     MOV   R4, #100
        DJNZ  R4, $
        DJNZ  R5, L0
        RET

DELAY:  MOV   R7, 30H
L1:     MOV   R6, #0FFH
L2:     NOP
        NOP
        DJNZ  R6, L2
        DJNZ  R7, L1
        RET

        END
```

把这段程序在WAVE6000中编辑、汇编，用软件仿真运行、调试无误，把得到bin格式或者hex格式的目标文件，通过烧录器或者下载线，保存到单片机的程序存储器中。把单片机插入实验板插座里，上电运行，按下按键，观察运行结果。

拓展训练

应用两只按键，一只按下速度变慢，一只按下速度变快。

如果在中断服务程序中使用R6、R7，应如何保护现场。

任务 11

单片机应用技术实训 DANPIANJIYINGYONGJISHUSHIXUN

交通信号灯

在前面的应用例子中，需要定时的地方，我们使用了软件延时，由于软件延时需要占用 CPU 工作时间，降低了 CPU 的工作效率。51 系列单片机设计了两个定时/计数器，可以单独运行，与 CPU 并行工作，有利于提高 CPU 的工作效率。它可以通过软件编程来确定硬件定时/计数器的功能、运行以及停止，可以用软件确定定时时间，使用灵活方便，功能强大。本任务就通过制作一个交通信号灯来学习 51 单片机的定时/计数器。

◎ 任务目的

利用单片机的定时/计数器实现对交通灯的定时控制，熟悉单片机的中断系统，熟悉单片机的定时/计数器，学会编写定时器程序。

◎ 任务描述

用单片机的 P0 口控制 6 只 LED，模拟东西向，南北向 6 只交通信号灯，当剩余时间为 5 s 时绿灯闪亮，为 3 s 时黄灯亮、25 s 时间到交通灯换向。

硬件知识

1. 硬件电路原理图

图 11 - 1 为单片机实验板电路原理图。

2. 定时/计数器

89S51 单片机内部有两个 16 位定时器/计数器，即定时/计数器 T0 和定时/计数器 T1。它们都具有定时和计数功能，可用于定时或延时控制，对外部事件进行检测、计数等。

定时/计数器 T0 由特殊功能寄存器 TH0、TL0（字节地址分别为 8CH 和 8AH）构成，TH0 为高 8 位，TL0 为低 8 位。定时/计数器 T1 由特殊功能寄存器 TH1、TL1（字节地址分别为 8DH 和 8BH）构成，TH1 为高 8 位，TL1 为低 8 位。其内部还有一个 8 位的定时器方式寄存器 TMOD 和一个 8 位的定时器控制寄存器 TCON。TMOD 主要是用于选定定时/计数器的工作模式与工作方式，TCON 主要是用于控制定时/计数器的启动和停止。这些寄存器之间是通过内部

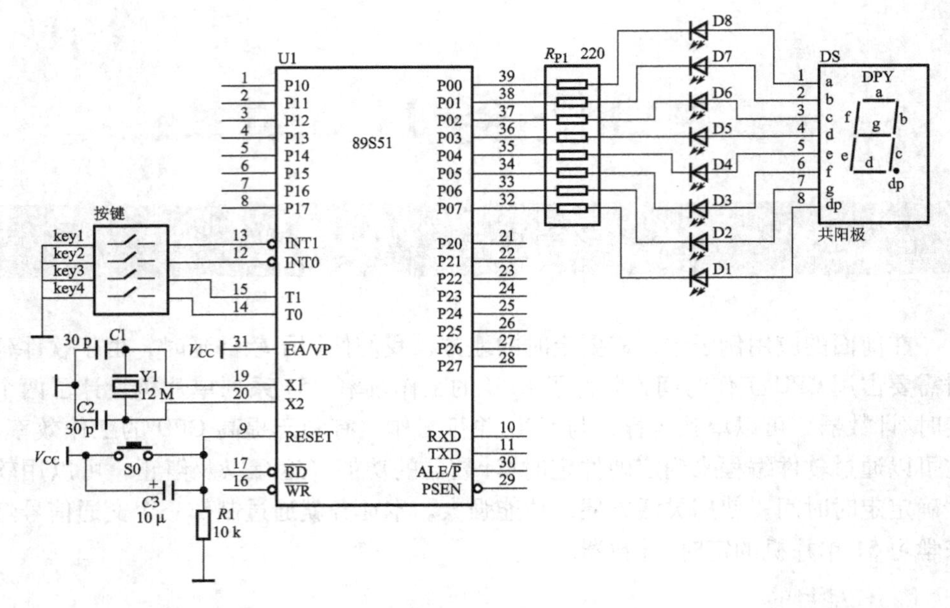

图 11－1　单片机实验板电路原理图

总线和控制逻辑电路连接起来的。

定时/计数器从硬件电路上来说，就是一个 16 位的加法计数器，按照其计数脉冲的来源不同，分成两种工作模式：定时与计数。

当定时/计数器工作在定时方式时，输入的时钟脉冲是由晶体振荡器的输出经 12 分频后得到的，所以定时器也可看做是对单片机机器周期的个数的计数器，当晶体振荡器确定后，机器周期的时间也就确定了，这样就实现了定时功能。以 12 M 的晶振为例，一个机器周期就是 1 μs，这是在此晶振周期下最小的定时时间。

当定时/计数器工作在计数方式时，外部事件是通过引脚 T0（P3. 4）和 T1（P3. 5）输入的，外部脉冲的下降沿触发计数。

图 11－2 为定时/计数器结构图。

3. 定时/计数器相关寄存器

51 系列单片机的定时/计数器是一种可编程部件，在定时/计数器开始工作之前，CPU 必须将一些命令（称为控制字）写入该定时/计数器，这个过程称为定时/计数器的初始化。在初始化程序中，要将工作方式控制字写入定时方式寄存器 TMOD，工作状态控制字（或相关位）写入控制寄存器 TCON。

（1）定时方式寄存器 TMOD。特殊功能寄存器 TMOD 为定时/计数器的方式控制寄存器，占用的字节地址为 89H，不可以进行位寻址，如果要定义定时/计数器的工作方式，需要采用字节操作指令赋值。该寄存器中每位的定义如表

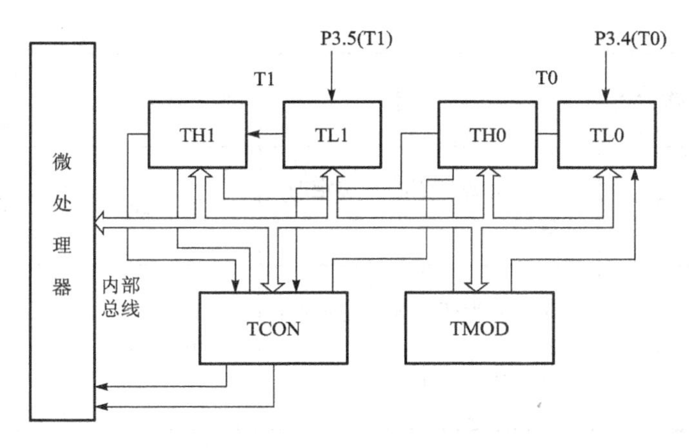

图 11-2　定时/计数器结构图

11-1 所示。其中高 4 位用于定时/计数器 T1，低 4 位用于定时器/计数 T0。

表 11-1　寄存器中每位的定义

TMOD	位序	7	6	5	4	3	2	1	0
89H	位符号	GATE	$C/\overline{T}$	M1	M0	GATE	$C/\overline{T}$	M1	M0

下面介绍与定时器/计数 T0 相关的 TMOD 的 4 低位。

① GATE——门控位。

(GATE) =0 时，用软件使运行控制位 TR0（定时/计数器控制寄存器 TCON.4）置 1 来启动定时/计数器运行；

(GATE) =1 时，由 TR0 和外部中断引脚$\overline{\text{INT0}}$（P3.2）共同启动定时/计数器运行，只有当二者同时为 1 时才进行计数操作。

② $C/\overline{T}$——定时、计数模式选择位。

($C/\overline{T}$) =1 时，为计数方式；计数器对外部输入引脚 T0（P3.4）的外部脉冲的下降沿计数。

($C/\overline{T}$) =0 时，为定时方式。

③ M1、M0——工作方式选择位，可通过软件设置选择定时/计数器四种工作方式，如表 11-2 所示。

表 11-2　工作方式选择

M1 M0	工作方式	说　明	最大计数次数	最大定时时间 F_{osc} =12 MHz
0　0	0	13 位定时/计数器	2^{13} =8192	8.192 ms
0　1	1	16 位定时/计数器	2^{16} =65536	65.536 ms

续表

M1 M0	工作方式	说　明	最大计数次数	最大定时时间 F_{osc} = 12 MHz
1　0	2	自动重装初值的 8 位定时/计数器	$2^8 = 256$	0. 256 ms
1　1	3	T0：分为两个 8 位定时/计数器 T1：停止工作	$2^8 = 256$	0. 256 ms

如：MOV TMOD,#01H　；设置 T0 为定时器模式，工作方式 1，与外部脉冲无关

MOV TMOD,#0A0H；设置 T1 为定时器模式，工作方式 2，外部脉冲高电平时

；启动

（2）定时器控制寄存器 TCON。TCON 的字节地址为 88H，可进行位寻址（位地址为 88H－8FH），其具体各位定义如表 11－3。

表 11－3　各位定义

TCON	位地址	8FH	8EH	8DH	8CH	8BH	8AH	89H	88H
88H	位名称	TF1	TR1	TF0	TR0	IE1	IT1	IE0	IT0

其中低 4 位与外部中断有关，在任务八中已详细介绍，高 4 位的功能如下：

TF0，TF1——分别为定时/计数器 T0、T1 的计数溢出标志位。

当计数器计数溢出时，该位置 1。编程在使用查询方式时，此位作为状态位供 CPU 查询，查询后由软件清 0；使用中断方式时，此位作为中断请求标志位，中断响应后由硬件自动清 0。

TR0，TR1——分别为定时器 T0、T1 的运行控制位，可由软件置 1 或清 0。

（TR0）或（TR1）＝1，启动定时/计数器工作

（TR0）或（TR1）＝0，停止定时/计数器工作

如：SETB TR0　　；T0 启动运行

CLR　TR1　　；T1 停止运行

4. 定时/计数器的工作方式

定时/计数器可以通过特殊功能寄存器 TMOD 中的控制位 C/$\overline{\text{T}}$的设置来选择定时器方式或计数器方式；通过 M1M0 两位的设置选择四种工作方式，分别为方式 0、方式 1、方式 2 和方式 3。

其中方式 0、方式 1 只有在计数位数方面不同，别的完全相同。方式 0 是 13 位的定时/计数器，方式 1 是 16 位的定时/计数器。在本任务中，只使用工作方式 1，在下面做详细的介绍。

当 M1M0 为 01 时，定时/计数器选定为方式 1 工作。在这种方式下，由特殊功能寄存器 TL0 和 TH0 组成一个 16 位计数器，其最大的计数次数应为 2^{16} 次。如果单片机采用 12 MHz 晶振，机器周期为 1 μs，则该定时器的最大定时时间为 2^{16} = 65 536 μs。工作方式 0 的逻辑结构图如图 11 – 3 所示。

图 11 – 3 中，C/$\overline{\text{T}}$为定时/计数选择位，C/$\overline{\text{T}}$ = 0，T0（T1）为定时器，定时信号为振荡周期 12 分频后的脉冲；C/$\overline{\text{T}}$ = 1，T0（T1）为计数器，计数信号来自引脚 T0（T1）的外部信号。

当（GATE）= 0 时，只要 TCON 中的启动控制位 TR0 为 1，由 TL0 和 TH0 组成的 13 位计数器就开始计数。

当（GATE）= 1 时，由 TR0（TR1）与外部引脚$\overline{\text{INT0}}$（$\overline{\text{INT1}}$）即 P3.2（P3.3）共同控制定时/计数器的工作。此时不仅（TR0）= 1，而且还需要$\overline{\text{INT0}}$（$\overline{\text{INT1}}$）引脚 1 才能使计数器工作，即$\overline{\text{INT0}}$（$\overline{\text{INT1}}$）当由 0 变 1 时，开始计数，由 1 变 0 时，停止计数，这样可以用来测量在$\overline{\text{INT0}}$（$\overline{\text{INT1}}$）端的脉冲高电平的宽度。

当 16 位计数器加 1 到全为 1 后，再加 1 就会产生溢出，溢出使 TCON 的溢出标志位 TF0 自动置 1，向 CPU 申请中断，同时计数器 TH0 和 TL0 变为全 0，如果要循环定时，必须要用软件重新装入初值。

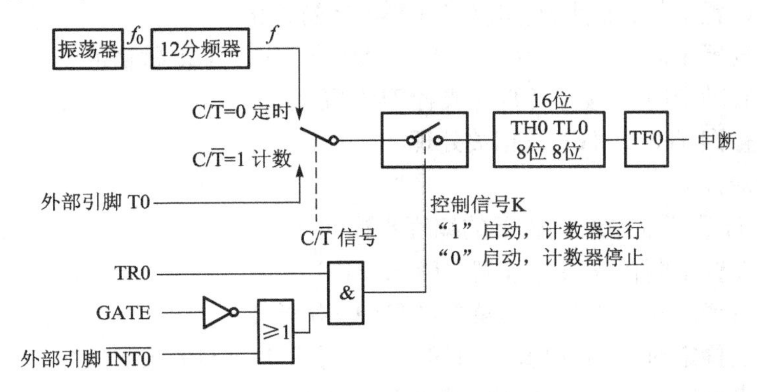

图 11 – 3　定时/计数器逻辑结构框图

软件知识

1. 初值的计算

由于工作方式1是16位定时器，其模为$2^{16}=65\ 536$。

计算计算公式:计数次数=65 536－计数初值

定时计算公式:定时时间=(65 536－计数初值)×机器周期

在本任务中的定时时间为0.5 s，已经超出了定时器的定时范围，因此每次定时50 ms，10次就可以达到0.5 s。晶振频率是12 MHz，50 ms定时的计数初值计算方法如下：

$$定时时间=(65\ 536-计数初值)\times 机器周期$$

$$计数初值=65\ 536-定时时间\times f_{osc}/12$$
$$=65\ 536-50\ 000\times 12/12$$
$$=15\ 536=3CB0H$$

装入的初值为:(TH0)=3CH,(TL0)=0B0H

设置TMOD。由于是对T0的工作方式进行选择，故此需要设置低4位。

定时器模式，$C/\overline{T}=0$；

工作方式1，M1M0的组合为01，

与外部脉冲无关，GATE为0。

故:(TMOD)=01H,即:(TMOD)=00000001B

2. 查询方式编程

定时/计数器在查询方式下的编程步骤如下：

(1) 关中断；(EA、ET0或ET1清0)。

(2) 设置工作方式和工作模式（TMOD初始化)。

(3) 设置定时/计数初值；(TH0、TL0或TH1、TL1赋初值)。

(4) 启动定时/计数；(TR0或者TR1置1)。

(5) 查询TF0或TF1及相关处理。

3. 中断方式编程

定时/计数器在中断方式下的编程步骤如下：

(1) 设置中断优先级（设置PT0或PT1)。

(2) 设置工作方式和工作模式（TMOD初始化)。

(3) 设置定时/计数初值；(TH0、TL0或TH1、TL1赋初值)。

(4) 启动定时/计数；(TR0或者TR1置1)。

(5) 开中断；(EA、ET0或ET1置1)。

(6) 编写定时/计数中断处理程序。

实训内容与步骤

1. 查询法编程的交通信号灯程序

```
        ORG   0000H
        LJMP   MAIN
        ORG   0030H
MAIN:   CLR   EA              ; 关中断
        MOV   TMOD,#01H       ; 设置定时器为工作方式 1
        MOV   TL0,#0B0H       ; 设定时器初值，定时时间 50ms
        MOV   TH0,#3CH
        MOV R6,#0             ; 赋时序初值
        MOV R7,#10            ; 设定定时器运行次数，10 次，定时 0.5s
        SETB TR0              ; 启动定时器

N1:     MOV R6,#0             ; 赋时序初值
        MOV DPTR,#TAB         ; 取显示代码表格首地址
N2:     MOV A,R6
        MOVC A,@A+DPTR        ; 查表，取显示代码
        MOV P0,A              ; 输出显示代码
N3:     JNB TF0,N3            ; 等待延时时间到 50ms
        CLR TF0               ; T0 中断标志位清零
        MOV   TL0,#0B0H       ; 重新设定时器初值，定时时间 50ms
        MOV   TH0,#3CH
        DJNZ R7,N3            ; 定时次数够 10 次（0.5s）吗?
        MOV R7,#10            ; 设定定时器运行次数，10 次，定时 0.5s
        INC   R6              ; 下一个 0.5s 输出
        CJNE R6,#50,N2        ; 25s 时间到了吗
        MOV R6,#0             ; 25s 显示完毕，进入东西通行显示

        MOV DPTR,#TAB1        ; 取显示代码表格首地址
E1:     MOV A,R6
        MOVC A,@A+DPTR        ; 查表，取显示代码
        MOV P0,A              ; 输出显示代码
E3:     JNB TF0,E3            ; 等待延时时间到 50ms
        CLR TF0               ; T0 中断标志位清零
```

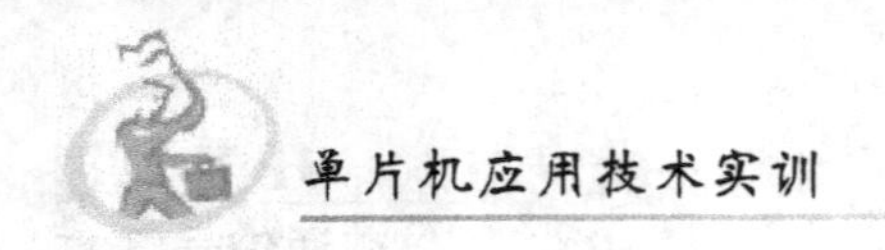


```
          MOV   TL0,#0B0H             ；重新设定时器初值，定时时间 50ms
          MOV   TH0,#3CH
          DJNZ R7,E3                  ；定时次数够 10 次（0.5s）吗?
          MOV R7,#10                  ；设定定时器运行次数，10 次，定时 0.5s
          INC   R6                    ；下一个 0.5s 输出
          CJNE R6,#50,E1              ；25s 时间到了吗
          SJMP N1                     ；25s 显示完毕，进入东西通行显示

TAB:      DB 7EH 7EH 7EH 7EH 7EH              ；南北向通行显示代码表
          DB 7EH 7EH 7EH 7EH 7EH
          DB 7EH 7EH 7EH 7EH 7EH
          DB 7EH 7EH 7EH 7EH 7EH
          DB 7EH 7EH 7EH 7EH 7EH
          DB 7EH 7EH 7EH 7EH 7EH
          DB 7EH 7EH 7EH 7EH 7EH
          DB 7EH 7EH 7EH 7EH 7EH

          DB 7FH 7EH 7FH 7EH 7DH              ；绿灯闪烁
          DB 7DH 7DH 7DH 7DH 7DH

TAB1:     DB 0DBH 0DBH 0DBH 0DBH 0DBH         ；东西向通行显示代码表
          DB 0DBH 0DBH 0DBH 0DBH 0DBH
          DB 0DBH 0DBH 0DBH 0DBH 0DBH
          DB 0DBH 0DBH 0DBH 0DBH 0DBH
          DB 0DBH 0DBH 0DBH 0DBH 0DBH
          DB 0DBH 0DBH 0DBH 0DBH 0DBH
          DB 0DBH 0DBH 0DBH 0DBH 0DBH
          DB 0DBH 0DBH 0DBH 0DBH 0DBH

          DB 0FBH 0DBH 0FBH 0DBH 0BBH         ；绿灯闪烁
          DB 0BBH 0BBH 0BBH 0BBH 0BBH

          END                                 ；汇编程序结束
```

把这段程序在 WAVE6000 中编辑、汇编，用软件仿真运行、调试无误，把得到 bin 格式或者 hex 格式的目标文件，通过烧录器或者下载线，保存到单片机的程序存储器中。把单片机插入实验板插座里，上电运行，观察运行结果。

交通信号灯，也是按照一定的时序点亮、熄灭信号灯，因此也可以看成是一种彩灯控制器，表11－4、表11－5中列出了交通信号灯的时序，把它编制成一个表格，按照时序查表，输出，就可以实现交通信号灯的设计。

表11－4 东西停止、南北通行的显示代码

时间	东西向			空脚	南北向			显示代码
	红	黄	绿		红	黄	绿	
0 ↓ 39	0	1	1	11	1	1	0	7EH
40	0	1	1	11	1	1	1	7FH
41	0	1	1	11	1	1	0	7EH
42	0	1	1	11	1	1	1	7FH
43	0	1	1	11	1	1	0	7EH
44	0	1	1	11	1	0	1	7DH
45	0	1	1	11	1	0	1	7DH
46	0	1	1	11	1	0	1	7DH
47	0	1	1	11	1	0	1	7DH
48	0	1	1	11	1	0	1	7DH
49	0	1	1	11	1	0	1	7DH

表11－5 南北停止、东西通行的显示代码

时间	东西向			空脚	南北向			显示代码
	红	黄	绿		红	黄	绿	
0 ↓ 39	1	1	0	11	0	1	1	DBH
40	1	1	1	11	0	1	1	FBH
41	1	1	0	11	0	1	1	DBH
42	1	1	1	11	0	1	1	FBH
43	1	1	0	11	0	1	1	DBH

续表

时间	东西向			空脚	南北向			显示代码
	红	黄	绿		红	黄	绿	
44	1	0	1	11	0	1	1	BBH
45	1	0	1	11	0	1	1	BBH
46	1	0	1	11	0	1	1	BBH
47	1	0	1	11	0	1	1	BBH
48	1	0	1	11	0	1	1	BBH
49	1	0	1	11	0	1	1	BBH

2. 中断法编程的交通信号灯程序

```
FX      BIT   00H
        ORG   0000H
        LJMP  MAIN
        ORG   000BH            ；定时器 T0 中断入口地址
        LJMP SFT0
        ORG   0030H
MAIN：  MOV   TMOD,#01H        ；设置定时器为工作方式 1
        MOV   TL0,#0B0H        ；设定时器初值，定时时间 50ms
        MOV   TH0,#3CH
        MOV   R6,#0            ；赋时序初值
        MOV   R7,#10           ；定时器运行次数，10 次，定时 0.5s
        SETB TR0               ；启动定时器
        SETB  EA               ；开中断
        SETB  ET0
        CLR   FX
        SJMP  $
SFT0：  MOV   TL0,#0B0H        ；真正的中断服务程序。重新设置初值，定
                               ；时 50ms
        MOV   TH0,#3CH
        DJNZ  R7,RETN          ；延时够 0.5s 吗？
        MOV   R7,#10
        JB   FX,E1             ；判断通行的方向
        MOV   DPTR,#TAB        ；南北通行
N1：    MOV A,R6
```

```
        MOVC A,@A+DPTR      ; 查表，取南北通行显示代码
        MOV P0,A            ; 输出显示代码
        INC   R6            ; 下一个0.5s输出
        CJNE R6,#50,RETN    ; 25s显示完毕了吗
        SETB   FX           ; 设置东西通行标志位
        MOV R6,#0           ; 赋时序初值
RETN:   RETI                ; 中断返回

E1:     MOV   DPTR,#TAB1    ; 东西通行
        MOV A,R6
        MOVC A,@A+DPTR      ; 查表，取东西通行显示代码
        MOV P0,A            ; 输出显示代码
        INC   R6            ; 下一个0.5s输出
        CJNE R6,#50,RETN    ; 25s显示完毕了吗?
        CLR   FX            ; 清除标志位，进入南北通行状态
        MOV R6,#0           ; 赋时序初值;
        RETI                ; 中断返回

TAB:    DB 7EH 7EH 7EH 7EH 7EH          ; 南北向通行显示代码表
        DB 7EH 7EH 7EH 7EH 7EH
        DB 7EH 7EH 7EH 7EH 7EH
        DB 7EH 7EH 7EH 7EH 7EH
        DB 7EH 7EH 7EH 7EH 7EH
        DB 7EH 7EH 7EH 7EH 7EH
        DB 7EH 7EH 7EH 7EH 7EH
        DB 7EH 7EH 7EH 7EH 7EH

        DB 7FH 7EH 7FH 7EH 7DH          ; 绿灯闪烁
        DB 7DH 7DH 7DH 7DH 7DH

TAB1:   DB 0DBH 0DBH 0DBH 0DBH 0DBH     ; 东西向通行显示代码表
        DB 0DBH 0DBH 0DBH 0DBH 0DBH
        DB 0DBH 0DBH 0DBH 0DBH 0DBH
        DB 0DBH 0DBH 0DBH 0DBH 0DBH
        DB 0DBH 0DBH 0DBH 0DBH 0DBH
        DB 0DBH 0DBH 0DBH 0DBH 0DBH
```

```
        DB 0DBH 0DBH 0DBH 0DBH 0DBH
        DB 0DBH 0DBH 0DBH 0DBH 0DBH

        DB 0FBH 0DBH 0FBH 0DBH 0BBH   ；绿灯闪烁
        DB 0BBH 0BBH 0BBH 0BBH 0BBH

        END                            ；汇编程序结束
```

把这段程序在 WAVE6000 中编辑、汇编，用软件仿真运行、调试无误，把得到 bin 格式或者 hex 格式的目标文件，通过烧录器或者下载线，保存到单片机的程序存储器中。把单片机插入实验板插座里，上电运行，观察运行结果。

3. 使用软件延时子程序的交通信号灯程序

```
        ORG   0000H
        LJMP   MAIN
        ORG   0030H
MAIN：  MOV R6,#0             ；赋时序初值
        MOV DPTR,#TAB         ；取显示代码表格首地址
N2：    MOV A,R6
        MOVC A,@A+DPTR        ；查表，取显示代码
        MOV P0,A              ；输出显示代码
        LCALL DELAY           ；调用延时子程序，延时 0.5s
        INC   R6              ；下一个 0.5s 输出
        CJNE R6,#50,N2        ；25s 时间到了吗
        MOV R6,#0             ；25s 显示完毕，进入东西通行显示

        MOV DPTR,#TAB1        ；取显示代码表格首地址
E1：    MOV A,R6
        MOVC A,@A+DPTR        ；查表，取显示代码
        MOV P0,A              ；输出显示代码
        LCALL DELAY           ；调用延时子程序，延时 0.5s
        INC   R6              ；下一个 0.5s 输出
        CJNE R6,#50,E1        ；25s 时间到了吗
        SJMP MAIN             ；25s 显示完毕，进入东西通行显示

；  ***********************   ；延时子程序，
DELAY：MOV 32H，#10
D1：    MOV 31H，#100
```

```
D2:     MOV 30H, #250
        DJNZ 30H, $
        DJNZ 31H, D2
        DJNZ 32H, D1
        RET                          ; 子程序返回

TAB:    DB 7EH 7EH 7EH 7EH 7EH           ; 南北向通行显示代码表
        DB 7EH 7EH 7EH 7EH 7EH
        DB 7EH 7EH 7EH 7EH 7EH
        DB 7EH 7EH 7EH 7EH 7EH
        DB 7EH 7EH 7EH 7EH 7EH
        DB 7EH 7EH 7EH 7EH 7EH
        DB 7EH 7EH 7EH 7EH 7EH
        DB 7EH 7EH 7EH 7EH 7EH

        DB 7FH 7EH 7FH 7EH 7DH           ; 绿灯闪烁
        DB 7DH 7DH 7DH 7DH 7DH

TAB1:   DB 0DBH 0DBH 0DBH 0DBH 0DBH      ; 东西向通行显示代码表
        DB 0DBH 0DBH 0DBH 0DBH 0DBH
        DB 0DBH 0DBH 0DBH 0DBH 0DBH
        DB 0DBH 0DBH 0DBH 0DBH 0DBH
        DB 0DBH 0DBH 0DBH 0DBH 0DBH
        DB 0DBH 0DBH 0DBH 0DBH 0DBH
        DB 0DBH 0DBH 0DBH 0DBH 0DBH
        DB 0DBH 0DBH 0DBH 0DBH 0DBH

        DB 0FBH 0DBH 0FBH 0DBH 0BBH      ; 绿灯闪烁
        DB 0BBH 0BBH 0BBH 0BBH 0BBH

        END                              ; 汇编程序结束
```

把这段程序在 WAVE6000 中编辑、汇编，用软件仿真运行、调试无误，把得到 bin 格式或者 hex 格式的目标文件，通过烧录器或者下载线，保存到单片机的程序存储器中。把单片机插入实验板插座里，上电运行，观察运行结果。

拓展训练

把以前用软件延时子程序定时的流水灯程序，改编成用定时器定时的程序。

任务 12

单片机应用技术实训
DANPIANJIYINGYONGJISHUSHIXUN

串行通信

在单片机应用系统中，通常都要求单片机之间以及单片机与计算机之间往往需要进行数据交换。数据交换的方式有很多种方法，在这里我们对串行通信进行介绍。

◎ 任务目的

（1）理解通信基本方式。

（2）理解发送程序的原理。

（3）理解接收程序的原理。

◎ 任务描述

（1）按下按键，数码管显示其键号。

（2）与此同时发送其键号的 BCD 码。

（3）接收机显示收到 BCD 的数值。

硬件知识

1. 电路原理图

电路原理图如图 12－1 所示。

2. 串行通信基础知识

（1）串并行及其区别。

① 串行：串行接口是指数据一位位地顺序传送，其特点是通信线路简单，只要一对传输线就可以实现双向通信，并可以利用电话线，从而大大降低了成本，特别适用于远距离通信，但传送速度较慢。

② 并行：并行接口是指数据的各位同时进行传送，其特点是传输速度快，但当传输距离较远、位数又多时，导致了通信线路复杂且成本提高。

③ 串口与并口的区别：串口形容一下就是一条车道，而并口就是有 8 个车道同一时刻能传送 8 位（一个字节）数据。但是并不是并口快，由于 8 位通道之间的互相干扰。传输时速度就受到了限制。而且当传输出错时，要同时重新传 8 个位的数据。串口没有干扰，传输出错后重发一位就可以了。所以要比并口快。

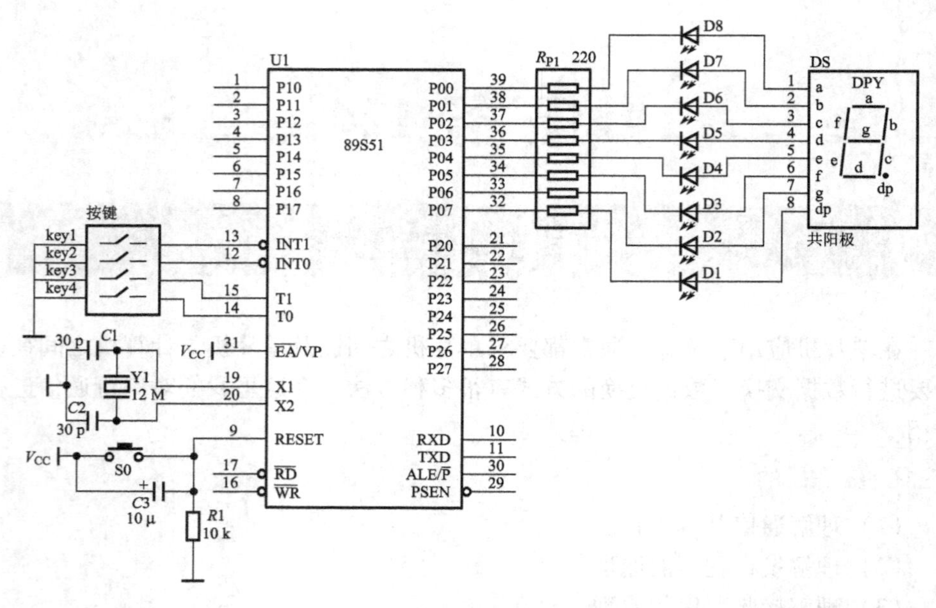

图 12－1　学习板电路原理图

（2）串行通信的模式。

① 单工通信：它只允许一个方向传输数据，不能进行反向传输。

② 半双工通信：它允许两个方向传输数据，但不能同时传输。同一时刻下，数据只能单方向传输。

③ 全双工通信：它允许两个方向同时进行数据传输，双方必须有独立的接收器和发送器。同一时刻下，数据可以双方向传输。

3. 串行口的结构

89C51 单片机串行口的内部结构如图 12－2 所示。它有两个物理上独立地接收、发送缓冲器 SBUF，可同时发送、接收数据，发送缓冲器只能写入不能读出，接收缓冲器只能读出不能写入，两个缓冲器共用一个字节地址（99H）。

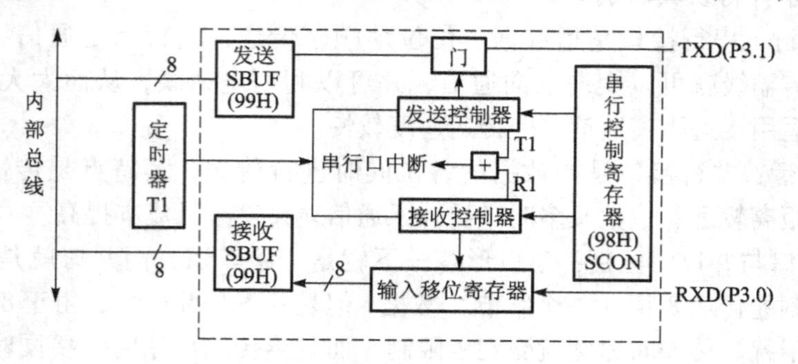

图 12－2　口的内部结构

控制89C51单片机串行口的控制寄存器共有两个：特殊功能寄存器SCON和PCON。下面对这两个特殊功能寄存器各个位的功能予以详细介绍。

4. 串行口控制寄存器SCON

串行口控制寄存器SCON，字节地址98H，可位寻址，位地址为98H—9FH。SCON的格式如图12－3所示

	D7	D6	D5	D4	D3	D2	D1	D0	
SCON	SM0	SM1	SM2	REN	TB8	RB8	T1	R1	98H

图12－3　串行口控制寄存器SCON的格式

下面介绍SCON中各个位的功能：

（1）SM0、SM1—串行口4种工作方式的选择位。

SM0、SM1两位的编码所对应的工作方式如表12－1所示。

表12－1　串行口的4种工作方式

SM0　SM1	方式	功能说明
0　0	0	同步移位寄存器方式（多用于扩展I/O口）
0　1	1	8位异位收发，波特率可变（由定时器控制）
1　0	2	9位异位收发，波特率为$f_{osc}/64$或$f_{osc}/32$
1　1	3	9位异位收发，波特率可变（由定时器控制）

（2）SM2—多机通信控制位。

因为多机通信是在方式2和方式3下进行的，因此，SM2位主要用于方式2或方式3中。当串行口以方式2或方式3接收时，如果SM2 ＝1，则只有当接收到的第9位数据（RB8）为“1”时，才将接收到的前8位数据送入SBUF，并置“1”RI，产生中断请求；当接收到的第9位数据（RB8 ）为“0”时，串行口则将接收到的前8位数据丢弃。而当SM2 ＝0时，则不论第9位数据是“1”还是“0”，都将前8位数据送入SBUF中，并置“1”RI，产生中断请求。在方式1时，如果SM2 ＝1，则只有收到有效的停止位时才会激活RI，在方式0时，SM2必须为0。

（3）REN—允许串行接收位。

由软件置“1”或清“0”。

REN ＝1　允许串行接收

REN ＝0　禁止串行接收

（4）TB8—发送的第9位数据。

在方式2和3时，TB8是要发送的第9位数据。其值由软件置“1”或清“0”。在双机通讯时，TB8一般作为奇偶校验位使用；在多机通讯中用来表示主

机发送的是地址帧还是数据帧，TB8 = 1 为地址帧，TB8 = 0 为数据帧。

（5）RB8—接收到的第 9 位数据。

工作在方式 2 和 3 时，RB8 存放接收到的第 9 位数据。在方式 1，如果 SM2 = 0，RB8 是接收到的停止位。在方式 0，不使用 RB8。

（6）TI—发送中断标志位。串行口工作在方式 0 时，串行发送第 8 位数据结束时由硬件置“1”，在其他工作方式，串行口发送停止位的开始时置“1”。TI = 1，表示一帧数据发送结束，TI 的状态可供软件查询，也可申请中断。CPU 响应中断后，向 SBUF 中写入要发送的下一帧数据。TI 必须由软件清“0”。

（7）RI—接收中断标志位。串行口工作在方式 0 时，接收完第 8 位数据时，RI 由硬件置“1”。在其他工作方式中，串行接收到停止位时，该位置“1”。RI = 1，表示一帧数据接收完毕，并申请中断，要求 CPU 从接收 SBUF 取走数据。该位的状态也可供软件查询。RI 必须由软件清“0”。

SCON 的所有位都可进行位操作清“0”或置“1”。

5. 特殊功能寄存器 PCON

特殊功能寄存器 PCON 字节地址为 87H，没有位寻址功能。PCON 的格式如图 12 - 4 所示：

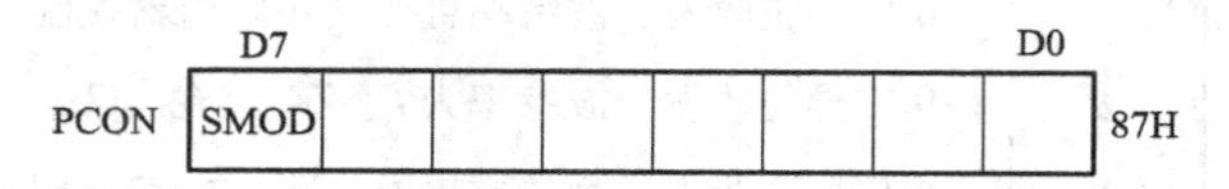

图 12 - 4　PCON 寄存器的格式

SMOD：波特率选择位

例如：方式 1 的波特率的计算公式为：

$$方式1波特率 = \frac{2^{SMOD}}{32} \times 定时器T1的溢出率$$

由上式可见，当 SMOD = 1 时，要比 SMOD = 0 时的波特率加倍，所以也称 SMOD 位为波特率倍增位。

6. 串行口通信的工作方式

根据需要，89C51 串行口可以设置 4 种工作方式，可有 8 位、10 位或 11 位帧格式。由特殊功能寄存器 SCON 中 SM0、SM1 位定义，编码见表 12 - 1

（1）串行口方式 0。串行口的工作方式 0 为同步移位寄存器输入/输出方式，常用于扩展 I/O 口。串行数据通过 RXD 输入或输出，而 TXD 用于输出移位时钟，作为外接部件的同步信号。这种方式不适用于两个 89C51 之间的直接数据通信，但可以通过外接移位寄存器来实现单片机的接口扩展。例如出 74HC164 可用于扩展并行输出口，74HC165 可用于并行输入口。在这种方式下，收/发的数据为 8 位一帧，低位在前，无起始位、奇偶校验位及停止位，波特率是固定的，为 $f_{osc}/12$。方式 0 的帧格式如图 12 - 5 所示。

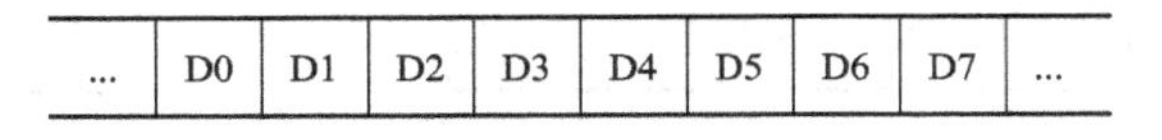

图 12－5　方式 0 的帧格式

① 方式 0 发送。发送过程中，当 CPU 执行一条将数据写入发送缓冲器 SBUF（99H0 的指令时，产生一个正脉冲，串行口开始即把 SBUF 中的 8 位数据以 fosc/12 的固定波特率从 RXD（P3.0）引脚串行输出，低位在先，TXD 引脚输出同步移位脉冲，发送完 8 位数据置“1”中断标志位 TI。时序如图 12－6 所示。写 SBUF 指令在 S6P1 处产生一个正脉冲，在下一个机器周期 S6P2 处，数据的最低位输出到 RXD（P3.0）引脚上；再在下一个机器周期的 S3、S4 和 S5 输出移位时钟为低电平时，在 S6 及下一个机器周期的 S1 和 S2 为高电平，就这样将 8 位数据由低位至高位按顺序通过 RXD 线输出，并在 TXD 引脚上输出 $f_{lsc}/12$ 的移位时钟。在“写 SBUF”有效后的第 10 个机器周期的 S1P1 将发送中断标志 TI 置位。

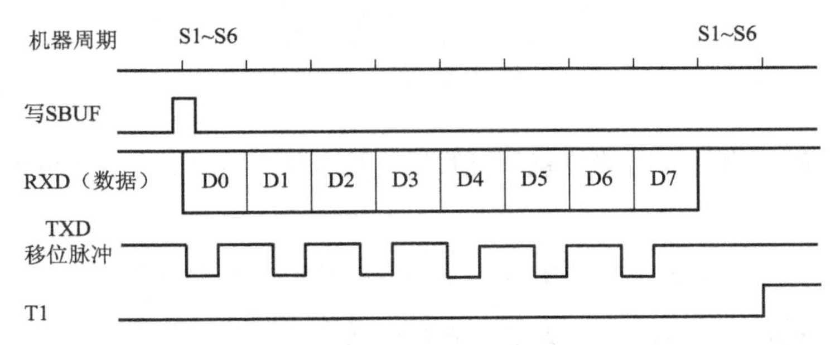

图 12－6　方式 0 发送时序

② 方式 0 接收。方式 0 接收时，REN 为串行口接收允许接收控制位，REN ＝ 0（RI＝1），禁止接收；REN ＝ 1，允许接收。当向 CPU 串行口的 SCON 寄存器写入控制字（置为方式 0，并置“1”REN 位，同时 RI ＝ 0）时，产生一个正脉冲，串行口即开始接收数据。引脚 RXD 为数据输入端，TXD 为移位脉冲信号输出端，接收器也以 $f'_{osc}/12$ 的固定波特率采样 RXD 引脚的数据信息，当接收器接收到 8 位数据时置“1”中断标志 RI。表示一帧数据接收完毕，可进行下一帧数据的接收，时序如图 12－7 所示。

上面介绍了方式 0 的发送和接收。在方式 0 下，SCON 中的 TB8、RB8 位没用，发送或接收完 8 位数据由硬件置“1”TI 或 RI 中断标志位，CPU 响应 TI 或 RI 中断。TI 或 RI 标志位必须由用户软件清 0，可采用如下指令：

```
CLR    TI    ; TI 位清“0”
CLR    RI    ; RI 位清“0”
```

清“0”TI 或 RI。方式 0 时，SM2 位（多机通讯控制位）必须为 0。

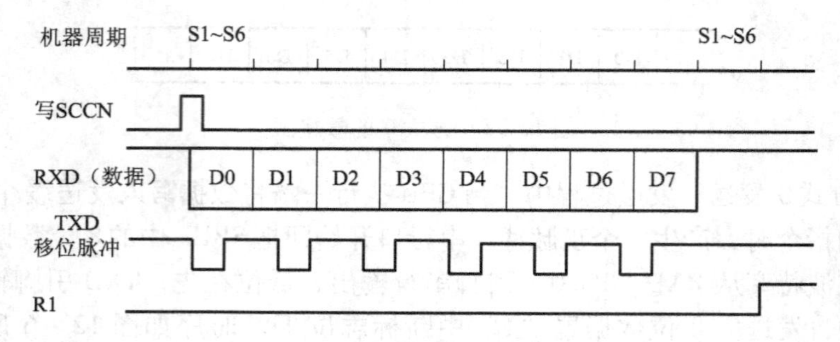

图 12－7　方式 0 接收时序

（2）方式 1。SM0、SM 1 两位为 01 时，串行口以方式 1 工作。方式 1 真正用于数据的串行发送和接收。TXD 脚和 RXD 脚分别用于发送和接收数据。方式 1 收发一帧的数据为 10 位，1 个起始位（0），8 个数据位，1 个停止位（1），先发送或接收最低位。方式 1 的帧格式如图 12－8 所示。

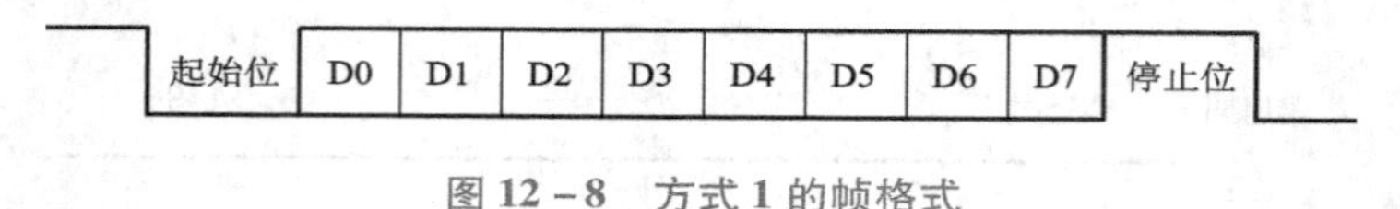

图 12－8　方式 1 的帧格式

方式 1 时，串行口为波特率可变的 8 位异步通信接口。方式 1 的波特率由下式确定：

$$方式1波特率 = \frac{2^{SMOD}}{32} \times 定时器T1的溢出率$$

式中 SMOD 为 PCON 寄存器的最高位的值（0 或 1）。

① 方式 1 发送。串行口以方式 1 输出时，数据位由 TXD（P3.1）端输出，发送一帧信息为 10 位，1 位起始位 0，8 位数据位（先低位）和 1 位停止位 1，当 CPU 执行一条数据写发送缓冲器 SBUF 的指令，就启动发送。图中发送移位时钟 TX 的频率就是发送的波特率。由此可见，方式 1 的波特率是可变的。发送开始时，内部发送控制信号变为有效。将起始位向 TXD 输出，此后，每经过一个 TX 时钟周期（16 分频计数器溢出一次为一个时钟周期，TX 时钟频率由波特率决定）便产生一个移位脉冲，并由 TXD 输出一个数据位。8 位数据位全部发送完毕后，置“1”中断标志位 TI。方式 1 发送数据的时序，如图 12－9 所示。

② 方式 1 接收。串行口以方式 1 接收时（REN ＝ 1，SM0、SM1 ＝ 01），数据从 RXD（P3.0）引脚输入。当检测到起始位的负跳变时，则开始接收。接收时，定时控制信号有两种（如图 12－10 所示），一种是接收移位时钟（RX 时钟），它的频率和传送的波特率相同；另一种是位检测器采样脉冲，它的频率是 RX 时钟的 16 倍。也就是在 1 位数据期间，有 16 个采样脉冲，以波特率的 16 倍的速率采样 RXD 引脚状态。当采样到 RXD 端从 1 到 0 的跳变时就启动检测器，

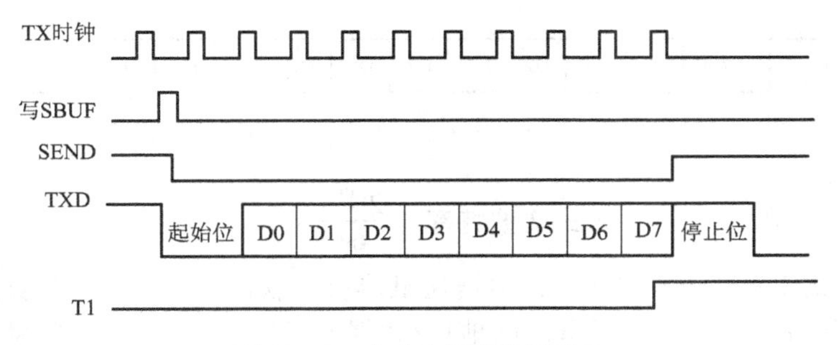

图 12－9　方式 1 发送数据时序

接收的值是 3 次连续采样（第 7、8、9 个脉冲时采样）取其中两次相同的值，以确认是否是真正的起始位（负跳变）的开始，这样能较好地消除干扰的影响，以保证可靠无误的开始接收数据。当确认起始位有效时，开始接收一帧信息。接收每一位数据时，也都进行 3 次连续采样（第 7、8、9 个脉冲时采样），接收的值是 3 次采样中至少两次相同的值，以保证接收到的数据位的准确性。

当一帧数据接收完毕以后，必须同时满足以下两个条件，这次接收才真正有效。

a. RI ＝ 0，即上一帧数据接收完成时，RI ＝ 1 发出的中断请求已被响应，SBUF 中的数据已被取走，说明“接收 SBUF”已空。

b. SM2 ＝ 0 或收到的停止位 ＝ 1（方式 1 时，停止位已进入 RB8），则将接收到的数据装入 SBUF 和 RB8（ RB8 装人停止位），且置“1”中断标志 RI。

若这两个条件不同时满足，接收到的数据不能装入 SBUF，这意味着该帧数据将丢失。

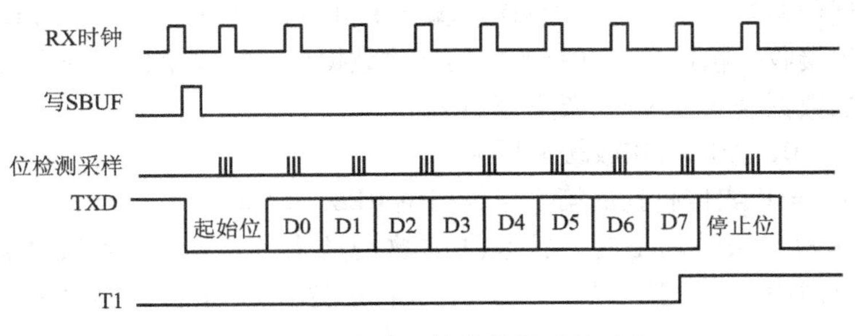

图 12－10　方式 1 接收数据时的时序

（3）方式 2。串行口工作于方式 2 和方式 3 时，被定义为 9 位异步通讯接口，均为每帧 11 位异步通信格式，由 TXD 和 RXD 发送与接收。每帧数据均为 11 位，1 位起始位 0，8 位数据位（先低位），1 位可程控为 1 或 0 的第 9 位数据和 1 位停止位。方式 2 的帧格式见图 12－11。

方式 2 的波特率由下式确定：

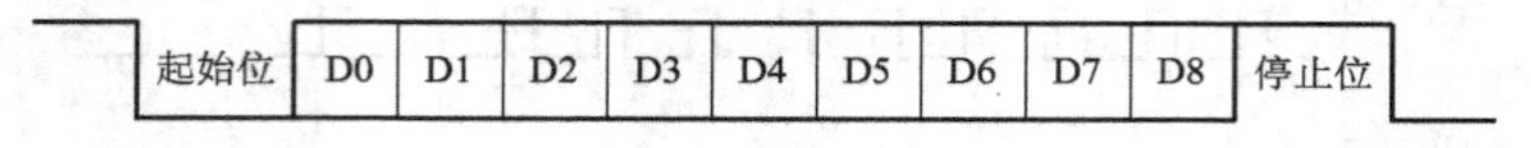

图 12－11 方式 2、方式 3 的帧格式

$$方式2波特率=\frac{2^{SMOD}}{64}\times fosc$$

① 方式 2 发送。发送前，先根据通讯协议由软件设置 TB8（例如，双机通讯时的奇偶校验位或多机通讯时的地址/数据的标志位）。然后将要发送的数据写入 SBUF，即可启动发送过程。串行口能自动把 TB8 取出，并装入到第 9 位数据位的位置，再逐一发送出去。发送完毕，则把 TI 位置“1”。

串行口方式 2 发送数据的时序波形如图 12－12 所示。

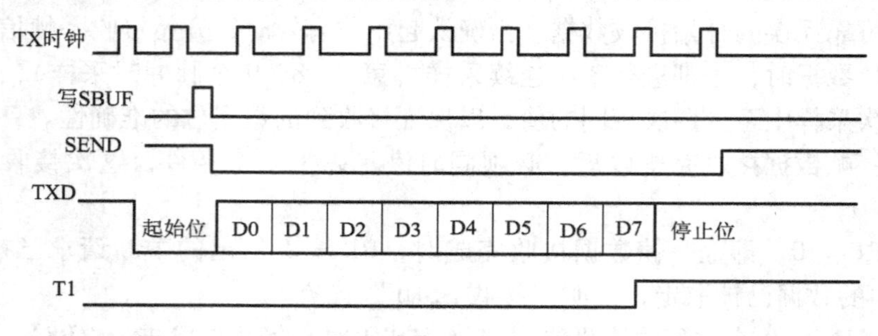

图 12－12 方式 2 和方式 3 发送数据的时序波形

② 方式 2 接收。当串行口的 SCON 寄存器的 SM0、SM1 两位为 10，且 REN ＝1 时，允许串行口以方式 2 接收数据。接收时，数据由 RXD 端输入，接收 11 位信息。当位检测逻辑采样到 RXD 引脚从 1 到 0 的负跳变，并判断起始位有效后，便开始接收一帧信息。在接收完第 9 位数据后，需满足以下两个条件，才能将接收到的数据送入 SBUF（接收缓冲器）

a. RI ＝0，意味着接收缓冲器为空。

b. SM2 ＝0 或接收到的第 9 位数据位 RB8 ＝1 时。

当上述两个条件满足时，接收到的数据送入 SBUF（接收缓冲器），第 9 位数据送入 RB8，并置“1” RI。若不满足这两个条件，接收的信息将被丢弃。

串行口方式 2 接收数据的时序波形如图 12－13 所示。

（4）方式3。当 SM0，SM1 两位为 11 时，串行口被定义工作在方式3。方式 3 为波特率可变的 9 位异步通信方式，除了波特率外，方式 3 和方式 2 相同。方式 3 发送和接收数据的时序波形见图 12－12 和图 12－13。

方式 3 的波特率由下式确定：

$$方式3波特率=\frac{2^{SMOD}}{32}\times 定时器\ TI\ 的溢出率$$

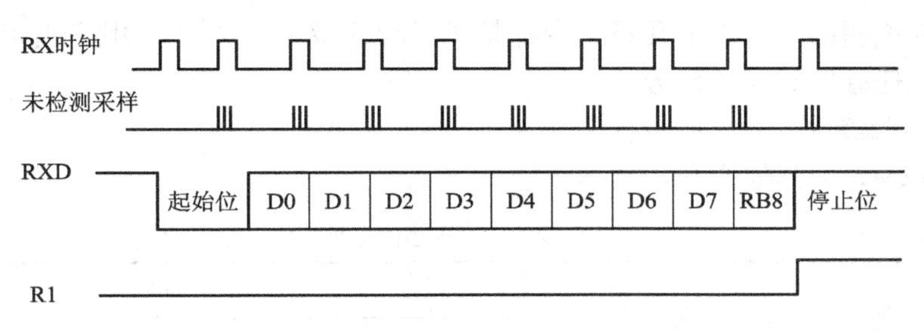

图 12－13　方式 2 和方式 3 接收数据的时序波形

7. 实验板的连接

本实验需要两块这样的实验板，用其中甲块实验板的 RXD（P3.0）与乙块的 TXD（P3.1）相连，甲块的 TXD（P3.1）与乙块的 RXD（P3.0）相连。两块的 GND 接一块。

软件知识

1. 用于输入的指令

表 12－2 用于输入的指令。

表 12－2　输入的指令

功　能	指　令	举　例	
		指　令	功　能
数据传送指令	MOV A,#data	MOV A,#10H	把立即数 10H 送给 ACC
ROM 传送指令	MOVC A,@ A + DPTR	MOVC A,@ A + DPTR	将 A + DPTR 为地址的数据送至 A
不相等转移	CJNE A，#data，标号	CJNE A，#1，SEND1	A 的数据不等于 data 时转移，否则顺序执行
根据端口状态进行转移操作	JB bit,标号	JB　P3.2 ,SEND1	如果 P3.2 为状态“1”，则转移至 SEND1，如果 P3.2 为状态“0”，则顺序执行
	JNB bit,标号	JNB P3.2,SEND11	如果 P3.2 为状态“0”，则转移至 SEND11，如果 P3.2 为状态“1”，则顺序执行

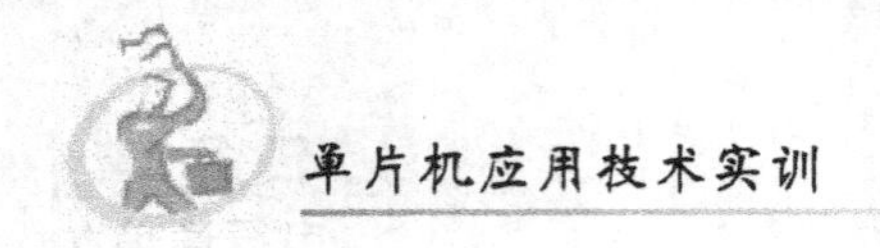

需要说明的是：以上几条指令都是读引脚的指令，关于读引脚和读锁存器的区别，见任务四的相关部分。

2. 其他指令

表 12－3 为其他指令。

表 12－3　其他指令要

功　能	指　令	举　例	
		指　令	功　能
绝对跳转	LJMP 标号	LJMP　LOOP	跳转至 LOOP
无条件调用及返回	LCALL 标号	LCALL DEL	调用 DEL 子程序
	RET	RET	从子程序返回

实训内容与步骤

1. 发送程序

参考程序如下：

```
        ORG 0000H            ；定位伪指令，指定下一条指令的地址，第
                               一条指令必须放在 0000H
        MOV TMOD ,#20H       ；方式 2，自动重装
        MOV TH1  ,#0FDH      ；9600 波特率
        MOV TL1  ,#0FDH
        MOV SCON ,#40H       ；方式 1
        SETB TR1             ；开定时器
        MOV  60H  ,#10
SEND：  MOV A    ,60H
        MOV SBUF ,A          ；启动发送
        NOP
        JNB TI， $
        CLR TI
        SJMP $
        END                  ；结束伪指令
```

把这段程序在 WAVE6000 中编辑、汇编，用软件仿真运行。此程序无法在实验板上运行，因为发送的数据通过 TXD 端口输出。我们可以通过示波器来开出来，但程序只发送一次，所以示波器不太容易看出来，如果是可存储的数字示波器，可以通过存储的数据看到发送的数据。这段程序在 WAVE6000 上仿真也无法看出结果，因为一些 WAVE 有些版本的软件存在漏洞，对 SBUF 的数据操作

无法再软件上显示。这段程序是让大家明白发送程序如何写。

2. 发送机程序

参考程序如下：

```
ORG     0000H
        MOV   TMOD ,#20H
        MOV   TH1   ,#0FDH
        MOV   TL1   ,#0FDH
        MOV   SCON ,#40H
        MOV   60H   ,#0
        SETB TR1
LOOP:     LCALL DISP
          LCALL KEY
          LCALL SEND
          LJMP   LOOP
KEY:      JNB    P3.2 ,KEY1
          JNB    P3.3 ,KEY2
          JNB    P3.4 ,KEY3
          JNB    P3.5 ,KEY4
KEYEXIT: RET
KEY1:     LCALL DEL
          JB   P3.2,KEYEXIT
          MOV   60H ,#1
KEY11:    JNB    P3.2, $
          LCALL DEL
          JNB    P3.2,KEY11
          LJMP   KEYEXIT
KEY2:     LCALL DEL
          JB      P3.3,KEYEXIT
          MOV    60H,#2
KEY22:    JNB    P3.3, $
          LCALL DEL
          JNB    P3.3,KEY22
          LJMP   KEYEXIT
KEY3:     LCALL DEL
          JB   P3.4,KEYEXIT
          MOV   60H,#3
```

```
KEY33:    JNB   P3.4, $
          LCALL DEL
          JNB   P3.4,KEY33
          LJMP  KEYEXIT
KEY4:     LCALL DEL
          JB    P3.5,KEYEXIT
          MOV   60H,#4
KEY44:    JNB   P3.5, $
          LCALL DEL
          JNB   P3.5,KEY44
          LJMP  KEYEXIT
SEND:     MOV   A   ,60H
          CJNE  A   ,#1   ,SEND1
          LCALL SENDBYTE
SEND1:    CJNE  A   ,#2   ,SEND2
          LCALL SENDBYTE
SEND2:    CJNE  A   ,#3   ,SEND3
          LCALL SENDBYTE
SEND3:    CJNE  A   ,#4   ,SEND4
          LCALL SENDBYTE
SEND4:    RET
SENDBYTE:MOV SBUF,A   ; 启动发送
          NOP
          JNB TI, $
          CLR TI
          LJMP SEND4
DISP: MOV   A,60H
      MOV   DPTR,#TAB
      MOVC A,@A+DPTR
      MOV   P0,A
      RET
TAB: DB 0C0H,0F9H,0A4H,0B0H,99H,92H,82H,0F8H,
     DB 80H,90H,88H,83H,0C6H,0A1H,86H,8EH,
     END
```

这段程序烧到一个实验板上，开机时显示“0”，当按下一个键是显示对应的键号，与此同时通过 TXD 发送所显示数据的 BCD 码。此板就作为发送机。

3. 接收程序

参考程序如下：

```
ORG   0000H
       MOV   TMOD,#20H
       MOV   TH1,#0FDH
       MOV   TL1,#0FDH
       MOV   SCON,#50H ； REN 置 1，允许接收
       MOV   60H,#0
       LCALL DISP
       SETB TR1
LOOP:JNB   RI, $
       CLR   RI
       MOV   A,SBUF
       MOV   60H,A
       LCALL DISP
       LJMP   LOOP
DISP: MOV   A ,60H
       MOV   DPTR ,#TAB
       MOVC A ,@ A + DPTR
       MOV   P0,A
       RET
TAB: DB 0C0H ,0F9H,0A4H,0B0H,99H,92H,82H,0F8H,
      DB 80H,90H,88H,83H,0C6H,0A1H,86H,8EH,
      END   ；结束伪指令
```

此程序烧写到实验板上，与发送机的实验板接上，就可以接收发送机的数据。接收的是 BCD 码，通过内部转换为显示码，就可以显示出来。

拓展训练

在一个实验板上既有发送程序，又有接收程序。

任务 13

单片机应用技术实训 DANPIANJIYINGYONGJISHUSHIXUN

矩阵键盘与动态数码管显示

前面介绍的键盘处理程序是独立按键处理技术，当按键数量多的时候，独立按键占用I/O线过多，影响整体电路设计；在前面介绍的数码管静态显示技术中也存在同样的问题，当显示位数多的时候，占用I/O口线资源过多。本任务中介绍矩阵键盘与动态数码管显示技术，可以有效地解决这些问题，但是编程比独立按键和静态数码管显示要复杂得多。

◎ 任务目的

通过一个按下一个键，显示对应数字的电路的制作，掌握矩阵键盘与动态数码管显示技术；掌握比较复杂的程序的调试技术。

◎ 任务描述

电路中使用一个4×4的矩阵键盘，当按下按键时，根据按键的不同，4位LED数码管显示0~F，最后输入的数显示在最右端，前面输入的数字依次左移。

硬件知识

- 硬件电路原理图

图13-1为矩阵键盘与动态数码管显示。

软件知识

1. 矩阵式键盘接口技术

图13-2用于扫描法键盘识别程序流程图。

为了减少键盘与单片机接口时所占用I/O口线的数目，在键数较多时，通常都将键盘排列成行列矩阵式，如图13-3所示。

每一水平线（行线）与垂直线（列线）的交叉处不相通，而是通过一个按键来连通。利用这种行列矩阵结构只需 N 个行线和 M 个列线即可组成 $M \times N$ 个按键的键盘。

矩阵式键盘的接口编程有两种方式：行反转法和扫描法，在这里我们介绍扫

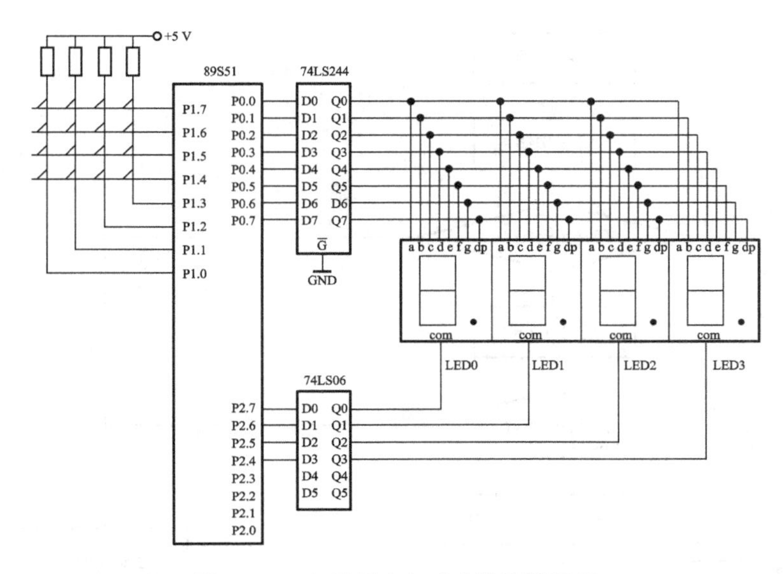

图 13－1　矩阵键盘与动态数码管显示

描法。

在图 13－3 的电路中，先往 P1 的高 4 位送 0，再读取 P1 的低 4 位，如果没有键按下，读回的值一定全是 1，如果读回的值不全是 1，那么一定有键被按下。为了确定哪个键被按下，可以把 P1 的高 4 位依次置 0（行扫描），然后依次判断 P1 口低 4 位中的哪一位电平被拉低（列扫描）。在读取到低电平时，就可以判断出闭合按键的行和列。

下面是 4×4 矩阵键盘的扫描法程序清单。如果有键按下，则在累加器 A 中返回键码，如果没有键按下，则在累加器 A 中返回 0FFH。

```
KEY:  LCALL  KS1          ；调用判断按键闭合子程序，检查是否有
             ；按键闭合
      JNZ    LK1          ；A 非 0，说明有键按下
      LJMP   KND          ；无按键返回
LK1:  LCALL  DELAY        ；有键闭合时延时 10ms，去抖动
      JNZ    LK2          ；延时 10ms 以后，再次检查是否有按键
                          ；闭合
      AJMP   KND          ；无按键返回
LK2:  MOV    R2,# 0F7H    ；扫描初值送 R2
      MOV    R3,#00H      ；回送初值送 R3
LK3:  MOV    A,R2
      MOV    P1,A         ；扫描初值送 P1 口
      MOV    A,P1         ；取回送线状态
```

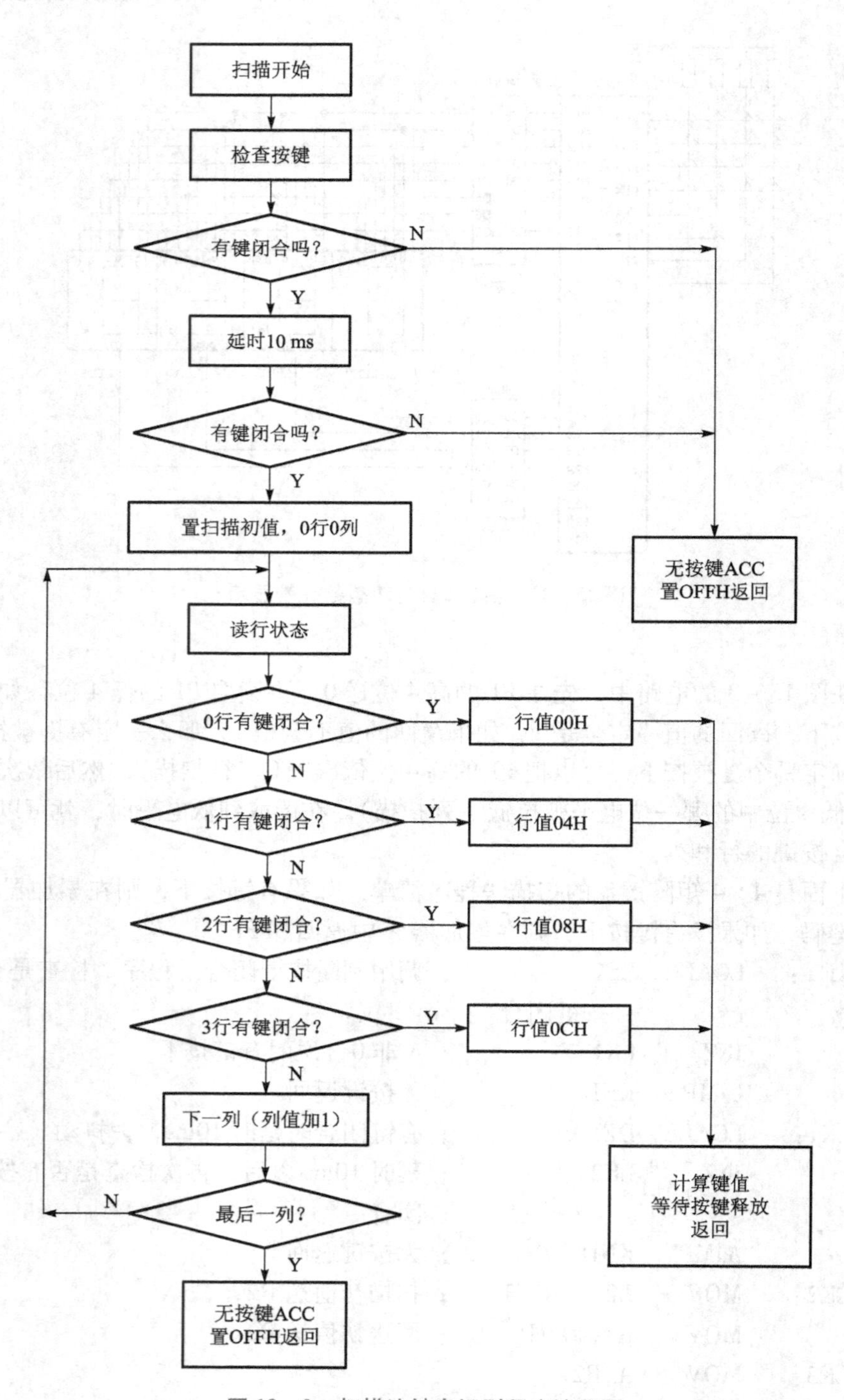

图 13－2　扫描法键盘识别程序流程图

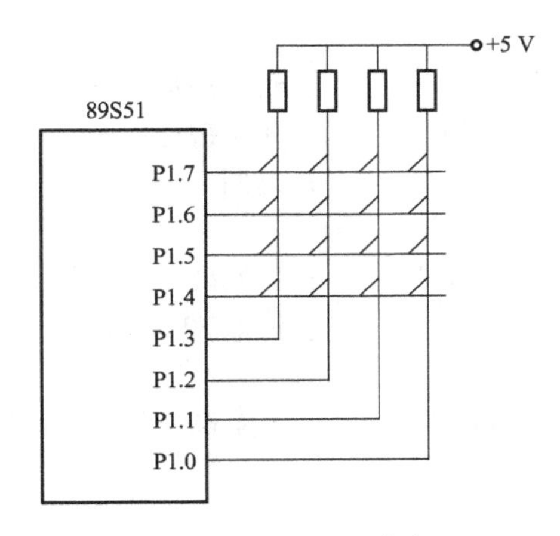

图 13-3 列行矩阵式

```
        JB      ACC.7,ONE     ; ACC.7=1，第0行无键闭合，转 ONE
        MOV     A,#0          ; 装第0行行值
        LJMP    LKP           ; 转计算键码
ONE:    JB      ACC.6,TWO     ; ACC.6=1，第0行无键闭合，转 TWO
        MOV     A,#04H        ; 装第1行行值
        LJMP    LKP           ; 转计算键码
TWO:    JB      ACC.5,THR     ; ACC.5=1，第0行无键闭合，转 THR
        MOV     A,#08H        ; 装第2行行值
        LJMP    LKP           ; 转计算键码
SHR:    JB      ACC.4,NEXT    ; ACC.4=1，第0行无键闭合，转 NEXT
        MOV     A,#0CH        ; 装第3行行值

LKP:    ADD     A,R3          ; 计算键码
        PUSH    ACC           ; 把键码推入堆栈保存
LK4:    LCALL   DELAY         ; 延时
        LCALL   KS1           ; 判断键是否松开，若闭合再延时
        CPL     A
        JNZ     LK3           ; 键仍然闭合，继续延时
        POP     ACC           ; 按键起，键码回送 A
        RET
NEXT:   INC     R3            ; 列号加1
        MOV     A,R2
        JNB     ACC.0,KND     ; 第0位为0，已经扫描完毕，转 KND
        RR      A             ; 未扫描完，循环右移一位
```

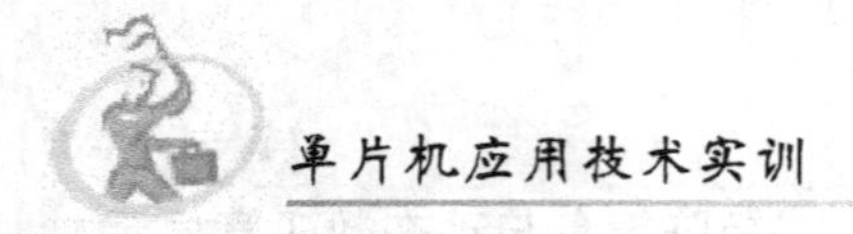


```
        MOV     R2,A
        LJMP    LK3             ; 转去扫描下一列
KND:    MOV     A,#0FFH         ; 无按键返回码
        RET                     ; 返回

KS1:    MOV     P1,#0FH         ; 所有列置低电平
        MOV     A,P1            ; 读取 P1 口状态
        CPL     A
        ANL     A,#0FH          ; 屏蔽高 4 位，保留低 4 位信息
        RET

DELAY:  MOV     R7,#50          ; 延时子程序
D1:     MOV     R6,#100
        DJNZ    R6, $
        DJNZ    R7,D1
        RET
```

键盘扫描子程序运行的结果是把键码存放在累加器 A 中，在主程序中根据键码进行相应处理。

2. 数码管动态显示

前面的任务中数码管显示电路都是使用的静态显示。静态显示的优点是电路简单、编程容易、显示亮度高；缺点是占用 I/O 口线多。在资源紧张或者显示多位数字时，一般采用动态显示方式。

动态显示方式是指逐位轮流点亮每位显示器（称为扫描），即每个数码管的位选被轮流选中，多个数码管公用一组段选。对于每一位显示器来说，每隔一段时间点亮一次。显示器的亮度既与导通电流有关，也与点亮时间和间隔时间的比例有关。调整电流和时间参数，可实现亮度较高较稳定的显示。若显示器的位数不大于 8 位，则控制显示器公共极电位只需 8 位口（称为扫描口），控制各位显示器所显示的字形也需一个 8 位口（成为段数据口）。图 13 – 4 为动态显示 LED 数码管电路。

动态显示方式虽然可以节省 I/O 口，但是驱动电路和编程相对麻烦。而且当显示位数太多时，亮度明显不足。

下面是 4 位 LED 数码管的动态显示中断服务程序。每 1 ms 定时器中断一次，显示一位。显示缓冲区在 40 ~ 43H。段数据口为 P0，扫描口为 P2。

```
DISP:   MOV     TL0,#0F0H       ; 时间常数重新赋值
        MOV     TH0,#0D8H
        PUSH    ACC             ; 保护中断现场
```

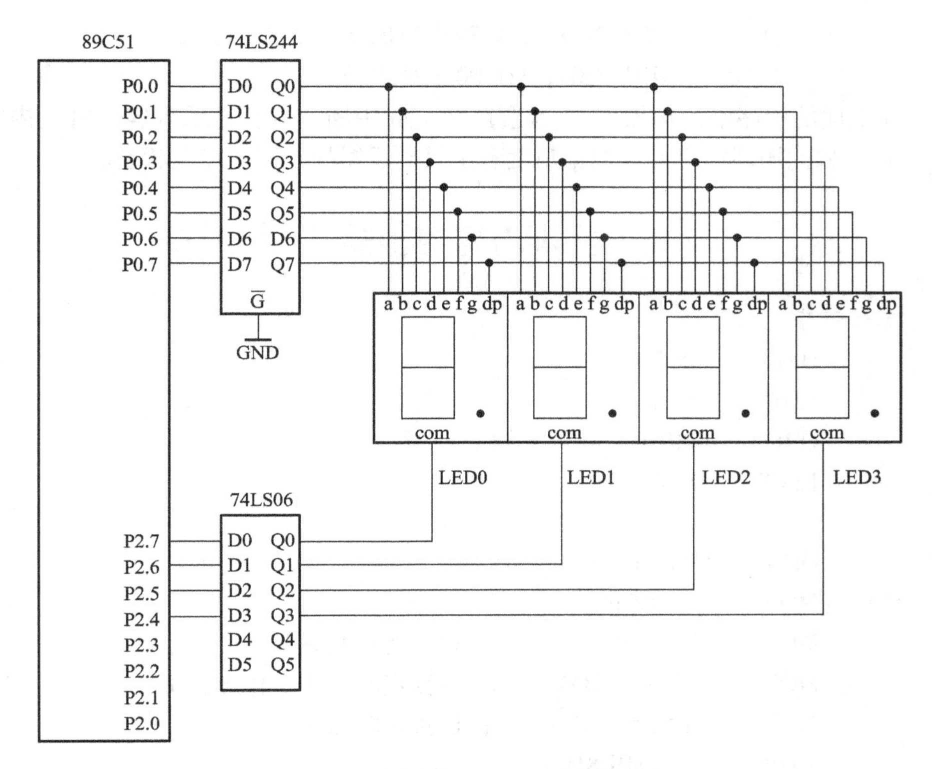

图 13－4　动态显示 LED 数码管电路

```
        MOV     DPTR,#TAB         ; 取表格地址
        INC     R0                ; 指向下一个显示缓存
        CJNE    R0,#44H,DIS1      ; 判断是否所有显示缓存都已经显示
        MOV     R0,#3FH           ; 显示完毕，指针重新赋初值
        MOV     R4,#80H           ; 设置显示位
DIS1:   MOV     A,@R0             ; 取要显示的数
        MOVC    A,@A+DPTR         ; 取显示段码
        MOV     P0,A              ; 输出段码，点亮正确的段
        MOV     P2,R4             ; 输出位控制，点亮正确的位
        MOV     A,R4              ; 位控制字右移，为下一个位点亮做
                                  ; 准备
        RR      A
        MOV     R4,A
        POP     ACC               ; 恢复现场
        RETI                      ; 中断返回
TAB:    DB 3FH,06H,5BH,4FH,66H,6DH;0,1,2,3,4,5,
```

```
        DB 7DH,07H,7FH,6FH,77H,7CH;6,7,8,9,A,B,
        DB 58H,5EH,7BH,71H,00H;C,D,E,F,  ,
```

在上面的程序中，每隔 1 ms 就会产生定时中断，刷新显示内容。每个内容亮 1 ms，如此循环往复。从视觉角度看 4 只显示器处于同时点亮状态。

实训内容与步骤

参考程序

```
        ORG     0000H
        LJMP    MAIN
        ORG     000BH
        LJMP    DISP

        ORG     0050H
MAIN:   MOV     SP,#60H
        MOV     P2,#00H             ；熄灭所有数码管
        MOV     TMOD,#01H           ；设置定时器为工作方式 1
        MOV     TL0,#0F0H           ；设置定时器初值
        MOV     TH0,#0D8H
        MOV     40H,#10H            ；清显示缓冲区，10H 为消隐
        MOV     41H,#10H
        MOV     42H,#10H
        MOV     43H,#10H
        MOV     R4,#3FH             ；显示缓冲区指针赋初值
        SETB    TR0                 ；启动定时器
        SETB    EA                  ；开中断

M1:     LCALL   KEY                 ；调用键盘子程序，返回键码
        CJNE    A,#0FFH,M2          ；根据返回值判断是否有键按下
        SJMP    M1                  ；无键按下，循环
M2:     MOV     40H,41H             ；有键按下，显示内容依次左移
        MOV     41H,42H
        MOV     41H,43H
        MOV     43H,A               ；键值存显示缓冲区
        SJMP    M1                  ；继续循环
```

```
KEY:  LCALL  KS1         ；调用判断按键闭合子程序，检查是否有
                         ；按键闭合
      JNZ    LK1         ；A 非 0，说明有键按下
      LJMP   KND         ；无按键返回
LK1:  LCALL  DELAY       ；有键闭合时延时 10ms，去抖动
      JNZ    LK2         ；延时 10ms 以后，再次检查是否有按键
                         ；闭合
      AJMP   KND         ；无按键返回
LK2:  MOV    R2,#0F7H    ；扫描初值送 R2
      MOV    R3,#00H     ；回送初值送 R3
LK3:  MOV    A,R2
      MOV    P1,A        ；扫描初值送 P1 口
      MOV    A,P1        ；取回送线状态
      JB     ACC.7,ONE   ；ACC.7 =1，第 0 行无键闭合，转 ONE
      MOV    A,#0        ；装第 0 行行值
      LJMP   LKP         ；转计算键码
ONE:  JB     ACC.6,TWO   ；ACC.6 =1，第 0 行无键闭合，转 TWO
      MOV    A,#04H      ；装第 1 行行值
      LJMP   LKP         ；转计算键码
TWO:  JB     ACC.5,THR   ；ACC.5 =1，第 0 行无键闭合，转 THR
      MOV    A,#08H      ；装第 2 行行值
      LJMP   LKP         ；转计算键码
THR:  JB     ACC.4,NEXT  ；ACC.4 =1，第 0 行无键闭合，转 NEXT
      MOV    A,#0CH      ；装第 3 行行值

LKP:  ADD    A,R3        ；计算键码
      PUSH   ACC         ；把键码推入堆栈保存
LK4:  LCALL  DELAY       ；延时
      LCALL  KS1         ；判断键是否松开，若闭合再延时
      CPL    A
      JNZ    LK3         ；键仍然闭合，继续延时
      POP    ACC         ；按键起，键码回送 A
      RET
NEXT: INC    R3          ；列号加 1
      MOV    A,R2
      JNB    ACC.0,KND   ；第 0 位为 0，已经扫描完毕，转 KND
```

```
        RR      A               ；未扫描完，循环右移一位
        MOV     R2,A
        LJMP    LK3             ；转去扫描下一列
KND：   MOV     A,#0FFH         ；无按键返回码
        RET                     ；返回

KS1：   MOV     P1,#0FH         ；所有列置低电平
        MOV     A,P1            ；读取 P1 口状态
        CPL     A
        ANL     A,#0FH          ；屏蔽高 4 位，保留低 4 位信息
        RET

DELAYMOV        R7,#50          ；延时子程序
D1：    MOV     R6,#100
        DJNZ    R6, $
        DJNZ    R7,D1
        RET

DISP：  MOV     TL0,#0F0H       ；时间常数重新赋值
        MOV     TH0,#0D8H
        PUSH    ACC             ；保护中断现场
        MOV     DPTR,#TAB       ；取表格地址
        INC     R0              ；指向下一个显示缓存
        CJNE    R0,#44H,DIS1    ；判断是否所有显示缓存都已经显示
        MOV     R0,#3FH         ；显示完毕，指针重新赋初值
        MOV     R4,#80H         ；设置显示位
DIS1：  MOV     A,@ R0          ；取要显示的数
        MOVC    A,@ A + DPTR    ；取显示段码
        MOV     P0,A            ；输出段码，点亮正确的段
        MOV     P2,R4           ；输出位控制，点亮正确的位
        MOV     A,R4            ；位控制字右移，为下一个位点亮做准备
        RR      A
        MOV     R4,A
        POP     ACC             ；恢复现场
        RETI                    ；中断返回
TAB：   DB 3FH,06H,5BH,4FH,66H,6DH；0,1,2,3,4,5,
```

```
DB 7DH,07H,7FH,6FH,77H,7CH; 6,7,8,9,A,B,
DB 58H,5EH,7BH,71H,00H       ; C,D,E,F,

END
```

把这段程序在 WAVE6000 中编辑、汇编，用软件仿真运行、调试无误。把得到 bin 格式或者 hex 格式的目标文件，通过烧录器或者下载线，保存到单片机的程序存储器中。把单片机插入实验板插座里，上电运行，按下按键，观察 LED 数码管显示的数字。

拓展训练

如果把键盘扫描程序放在中断服务程序中，应该如何编程?

单片机应用技术实训 DANPIANJIYINGYONGJISHUSHIXUN

任务 14

单片机应用技术实训 DANPIANJIYINGYONGJISHUSHIXUN

简易电压表

单片机应用的重要领域是自动控制。在自动控制领域的应用中，除数字量之外还会遇到另一种物理量，即模拟量。例如：温度、速度、电压、电流、压力等，它们都是连续变化的物理量。由于计算机只能处理数字量，因此计算机系统中凡遇到有模拟量的地方，就要进行模拟量向数字量或数字量向模拟量的转换，也就出现了单片机的数/模和模/数转换的接口问题。现在这些转换器都已集成化，并具有体积小、功能强、可靠性高、误差小、功耗低等特点，能很方便地与单片机进行接口。

◎ 任务目的

（1）理解模数转换的原理。

（2）理解 ADC0809 工作原理。

（3）学会编写 ADC0809 模数转换的程序。

◎ 任务描述

（1）将输入的量从 IN0 输入 ADC0809，观看显示的数据。

（2）通过改变程序，实现控制不同通路的模数转换。

硬件知识

1. 电路原理图

电路原理图如图 14－1 所示。

2. A/D 转换器概述

A/D 转换器用于实现模拟量→数字量的转换，按转换原理可分为四种，即：计数式 A/D 转换器、双积分式 A/D 转换器、逐次逼近式 A/D 转换器和并行式 A/D 转换器。

目前最常用的是双积分式和逐次逼近式。双积分式 A/D 转换器的主要优点是转换精度高，抗干扰性能好，价格便宜；但转换速度较慢。因此这种转换器主要用于速度要求不高的场合。国内使用较多的单片双积分 A/D 转换器芯片有：

① ICL7106/ICL7107/ICL7126 系列。这些芯片都是美国 Intersil 公司产品，

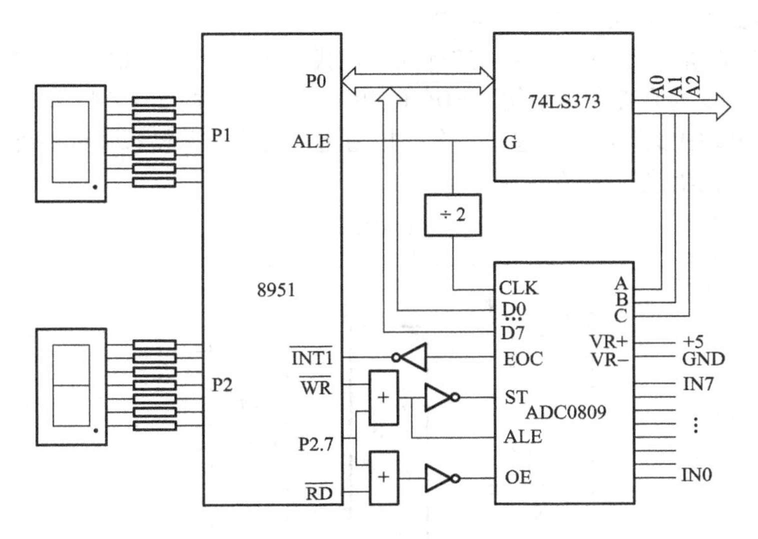

图 14－1　学习板电路原理图

3 1/2 位精度。具有自校零、自动极性、单参考电压、静态七段码输出、可直接驱动 LED 和 LCD（液晶）显示器等特点。同类产品还有 TSC7106/TSC7107/TSC7126（美国 Teledyne 半导体公司产品）；CH7106（上无 I4 厂产品）；DG7126（北京 878 厂产品）。

② MC1443。美国 Motorola 公司产品，3 1/2 精度。具有自校零、自动极性、单参考电压、动态定位扫描 BCD 码输出、自动量程控制信号输出等特点。同类产品还有 5G14433（上无五厂产品）。

③ ICL7135。美国 Intersil 公司产品，4 1/2 位精度。具有自校零、自动极性、单参考电压、动态字位扫描 BCD 码输出等特点。

另一种常用的 A/D 转换器是逐次逼近式的，逐次逼近式 A/D 转换器是一种速度较快精度较高的转换器。其转换时间大约在几微秒到几百微秒之间。通常使用的逐次逼近式典型 A/D 转换器芯片有：

① ADC0801 ~ ADC0805 型 8 位 MOS 型 A/D 转换器，美国国家半导体公司产品。它是目前最流行的中速廉价型产品。片内有三态数据输出锁存器，单通道输入，转换时间约 100 μs 左右。

② ADC0808/0809 型 8 位 MOS 型 A/D 转换器。可实现 8 路模拟信号的分时采集，片内有 8 路模拟选通开关，以及相应的通道地址锁存用译码电路，其转换时间为 100 μs 左右。

③ ADC0816/0817。这类产品除输入通道数增加至 16 个以外，其他性能与 ADC0808/0809 型基本相同。

3. 典型 A/D 转换器芯片 ADC0809

ADC0809 是典型的 8 位 8 通道逐次逼近式 A/D 转换器，CMOS 工艺。

（1）ADC 的内部逻辑结构。ADC 0809 内部逻辑结构如图 14－2 所示。

图 1－42 中多路开关可选通 8 个模拟通道，允许 8 路模拟量分时输入，共用一个 A/D 转换器进行转换。

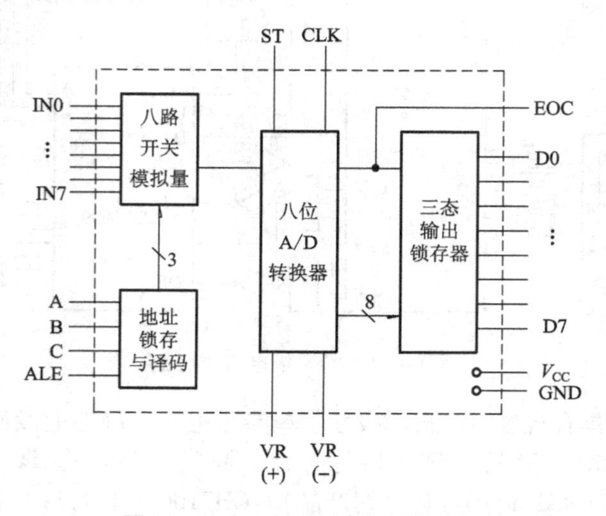

图 14－2　ADC0809 内部逻辑结构

地址锁存与译码电路完成对 A、B、C 三个地址位进行锁存和译码，其译码输出用于通道选择。

八位 A/D 转换器是逐次逼近式，由控制与时序电路、逐次逼近寄存器、树状开关以及 256R 电阻阶梯网络等组成，输出锁存器用于存放和输出转换得到的数字量。

（2）信号引脚。ADC0809 芯片为 28 引脚双列直插式封装，其引脚排列见图 14－3。对 ADC0809，主要信号引脚的功能说明如下。

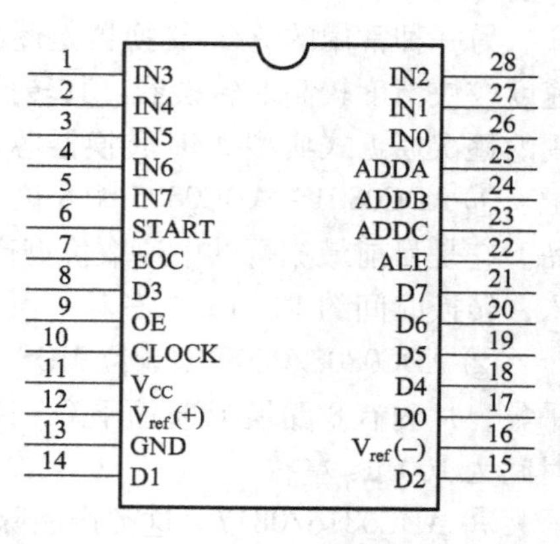

图 14－3　ADC 0809 引脚图

① IN7 ~ IN0——模拟量输入通道。ADC0809 对输入模拟量的要求主要有：信号单极性，电压范围 0 ~ 5 V，若信号过小还需进行放大。另外，模拟量输入在 A/D 转换过程中其值不应变化，因此对变化速度快的模拟量，在输入前应增加采样保持电路。

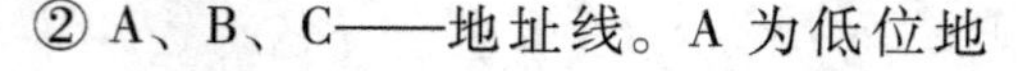
② A、B、C——地址线。A 为低位地

址，C为高位地址，用于对模拟通道进行选择，引脚图中为ADDA、ADDB和ADDC。其地址状态与通道对应关系见表14-1。

③ ALE——地址锁存允许信号。对应ALE上跳沿，A、B、C地址状态送入地址锁存器中。

④ START——转换启动信号。START上跳沿时，所有内部寄存器清0；START下跳沿时，开始进行A/D转换；在A/D转换期间，START应保持低电平。本信号有时简写为ST。

表14-1 通道选择表

C	B	A	选择的通道
0	0	0	IN0
0	0	1	IN1
0	1	0	IN2
0	1	1	IN3
1	0	0	IN4
1	0	1	IN5
1	1	0	IN6
1	1	1	IN7

⑤ $D_7 \sim D_0$——数据输出线。为三态缓冲输出形式，可以和单片机的数据线直接相连。

⑥ OE——输出允许信号。用于控制三态输出锁存器向单片机输出转换得到的数据。OE = 0，输出数据线呈高电阻；OE = 1，输出转换得到的数据。

⑦ CLK——时钟信号。ADC0809的内部没有时钟电路，所需时钟信号由外界提供、因此有时钟信号引脚。通常使用频率为500 kHz的时钟信号。

⑧ EOC——转换结束状态信号。EOC = 0，正在进行转换；EOC = 1，转换结束。使用中该状态信号既可作为查询的状态标志，又可以作为中断请求信号使用。

⑨ V_{CC}—— +5 V电源。

⑩ V_{ref}——参考电源。

参考电压用来与输入的模拟信号进行比较，作为逐次逼近的基准。其典型值为+5 V($V_{ref}(+) = +5V, V_{ref}(-) = 0V$)。

4. MCS-51单片机与ADC0809接口

ADC0809与8051单片机的连接如图14-4所示。

电路连接主要涉及两个问题。一是八路模拟信号通道选择，二是A/D转换完成后转换数据的传送。

（1）八路模拟通道选择。A、B、C 分别接地址锁存器提供的低三位地址，只要把三位地址写入 0809 中的地址锁存器，就实现了模拟通道选择。对系统来说，地址锁存器是一个输出口，为了把三位地址写入，还要提供口地址。图 14－4 中使用的是线选法，口地址由 P2.0 确定。同时以/WR 作写选通信号。这一部分电路连接如图 14－5 所示。

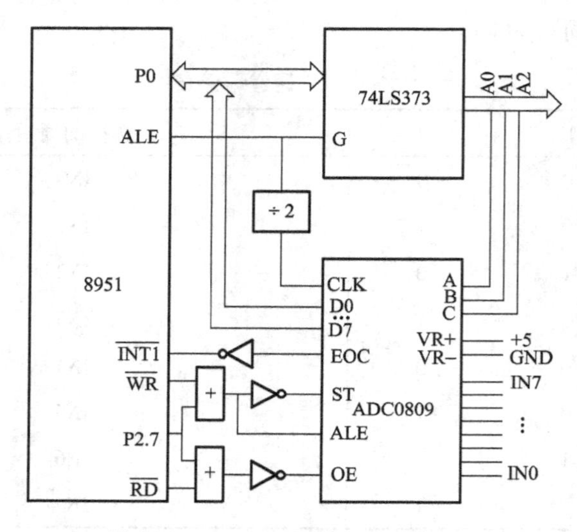

图 14－4　ADC0809 与 8051 的连接

图 14－5 中可以看到，把 ALE 信号与 START 信号连接在一起了，这样连接使得在信号的前沿写入地址信号，紧接着在其后沿就启动转换。图 14－6 是有关信号的时间配合示意图。

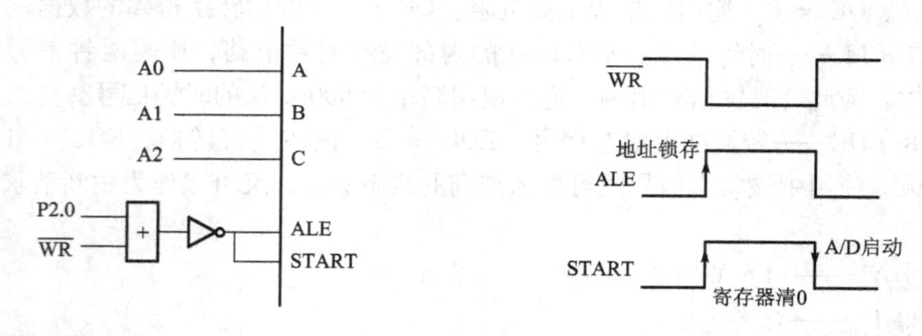

图 14－5　ADC0809 的部分信号连接　　　　图 14－6　信号的时间配合

（2）转换数据的传送。A/D 转换后得到的是数字量的数据，这些数据应传送给单片机进行处理。数据传送的关键问题是如何确认 A/D 转换的完成，因为只有确认数据转换完成后，才能进行传送。为此可采用下述三种方式。

① 定时传送方式。对于一种 A/D 转换器来说，转换时间作为一项技术指标

是已知的和固定的。例如ADC0809转换时间为128 us，相当于6 MHz的MCS－51单片机共64个机器周期，可据此设计一个延时子程序，A/D转换启动后即调用这个延时子程序，延迟时间一到。转换肯定已经完成了。接着就可进行数据传送。

② 查询方式。A/D转换芯片有表明转换完成的状态信号，例如ADC0809的EOC端。因此可以用查询方式，软件测试EOC的状态，即可确知转换是否完成，并接着进行数据传送。

③ 中断方式。把表明转换完成的状态信号（EOC）作为中断请求信号，以中断方式进行数据传送。不管使用上述那种方式，只要一旦确认转换完成，即可通过指令进行数据传送。首先送出口地址并以/RD作选通信号，当/RD信号有效时，/OE信号即有效，把转换数据送上数据总线，供单片机接收。

实训内容与步骤

对输入电压进行模数转换。

参考程序如下：

```
        ORG 0000H                  ；定位伪指令，指定下一条指令的
                                   ；地址，第一条指令必须放在0000H
        LJMP MAIN
        ORG 0013H
        LJMP   INTR1
        MOV    R0,#60H             ；数据存储区首址
        MOV    R2,#08H             ；8路计数值
        SETB   IT1                 ；边沿触发方式
        SETB   EA                  ；中断允许
        SETB   EX1                 ；允许外部中断1中断
        MOV    DPTR,#07FF8H        ；指向0通道
LOOP:   MOVX   @DPTR,A             ；启动A/D转换
        SETB   2FH
HERE:   JB     2FH,HERE            ；等待中断
        DJNZ   R2,LOOP             ；巡回未完继续
中断服务程序：
INTR1:  PUSH   PSW
        PUSH   ACC
        MOVX   A,@DPTR             ；数据采样
        MOVX   @R0,A               ；存数
```

```
        CLR     2FH
        MOV     DPTR,#TAB        ; 将段码表的首址送给 DPTR
        MOV     A     ,60H       ; 取所要显示的数据
        MOV     B     ,#16
        DIV     AB
        MOVC    A     ,@A+DPTR   ; 查表取字形段码
        MOV     P1    ,A         ; 将高位段码送到显示口显示
        MOV     A     ,B
        MOVC    A     ,@A+DPTR   ; 查表取字形段码
        MOV     P2    ,A         ; 将低位段码送到显示口显示
        POP     ACC
        POP     PSW
        RETI
TAB: DB 0C0H,0F9H,0A4H,0B0H,99H,92H,82H,0F8H,
     DB 80H,90H,88H,83H,0C6H,0A1H,86H,8EH,
     END                         ; 结束伪指令
```

把这段程序在 WAVE6000 中编辑、汇编，用软件仿真运行、调试无误，把得到 bin 格式或者 hex 格式的目标文件，通过烧录器或者下载线，保存到单片机的程序存储器中。把单片机插入实验板插座里，上电运行，在 ADC0809 的 IN0 输入一个模拟电压，这时你就能从数码管上看到模拟电压的数字量。

拓展训练

编写程序实现 8 路的模拟输入量，并显示。

如果设计一个量程为 5 V，分辨率为 0.02 V 的电压表，用 ADC0809 可以做到吗？应如何修改硬件电路和程序？

任 务 15

单片机应用技术实训
DANPIANJIYINGYONGJISHUSHIXUN

简易数控电源

单片机应用的重要领域是自动控制。在自动控制领域的应用中，除数字量之外还会遇到另一种物理量，即模拟量。例如：温度、速度、电压、电流、压力等，它们都是连续变化的物理量。由于计算机只能处理数字量，因此计算机系统中凡遇到有模拟量的地方，就要进行模拟量向数字量或数字量向模拟量的转换，也就出现了单片机的数/模和模/数转换的接口问题。现在这些转换器都已集成化，并具有体积小、功能强、可靠性高、误差小、功耗低等特点，能很方便地与单片机进行接口。

◎ 任务目的

（1）理解数模转换的原理。

（2）理解 DAC0832 工作原理。

（3）学会编写 DAC0832 数模转换的程序。

◎ 任务描述

（1）制作一个数控电源，输出电压分辨率 0.02 V。

（2）每按下 1 号键 1 次，显示的输出电压值增加，发光管亮度增加。

（3）每按下 2 号键 1 次，显示的输出电压值减少，发光管亮度变暗。

硬 件 知 识

1. 电路原理图

电路原理图如图 15－1 所示。

2. 数/模及模/数转换器接口介绍

单片机应用的重要领域是自动控制。在自动控制领域的应用中，除数字量之外还会遇到另一种物理量，即模拟量。例如：温度、速度、电压、电流、压力等，它们都是连续变化的物理量。由于计算机只能处理数字量，因此计算机系统中凡遇到有模拟量的地方，就要进行模拟量向数字量或数字量向模拟量的转换，也就出现了单片机的数/模和模/数转换的接口问题。现在这些转换器都已集成化，并具有体积小、功能强、可靠性高、误差小、功耗低等特点，能很方便地与

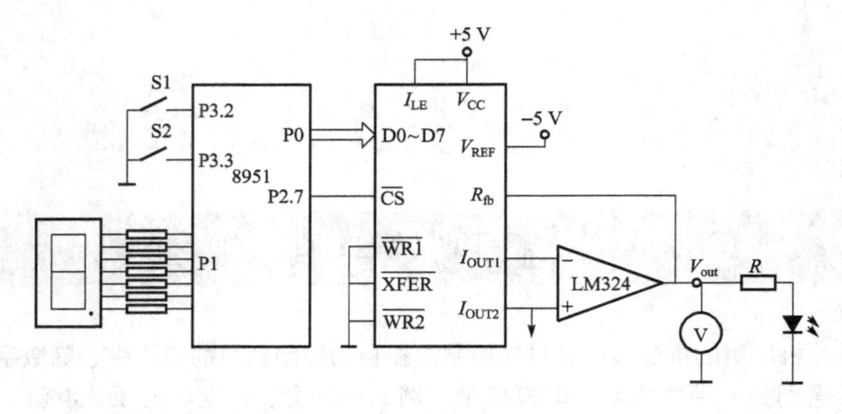

图 15-1　学习板电路原理图

单片机进行接口。

3. 转换器接口技术性能

D/A 转换器输入的是数字量，经转换后输出的是模拟量。有关 D/A 转换器的技术性能很多，例如绝对精度、相对精度、线性度、输出电压范围、温度系数、输入数字代码种类（二进制或 BCD 码）等。对这些技术性能，不作全面详细说明。此处只对几个与接口有关的技术性能作介绍。

① 分辨率。分辨率是 D/A 转换器对输入量变化敏感程度的描述，与输入数字量的位数有关。如果数字量的位数为 n，则 D/A 转换器的分辨率为 2^{-n}。这就意味着数/模转换器能对满刻度的 2^{-n} 输入量作出反应。例如 8 位数的分辨率为 1/256，10 位数分辨率为 1/1 024…。因此数字量位数越多，分辨率也就越高，亦即转换器对输入量变化的敏感程度也就越高。使用时，应根据分辨率的需要来选定转换器的位数。

② 建立时间。建立时间是描述 D/A 转换速度快慢的一个参数，指从输入数字量变化到输出达到终值误差 ±（1/2）LSB（最低有效位）时所需的时间。通常以建立时间来表明转换速度。转换器的输出形式为电流时建立时间较短。而输出形式为电压时，由于建立时间还要加上运算放大器的延迟时间，因此建立时间要长一点。但总的来说，D/A 转换速度远高 A/D 转换，例如快速的 D/A 转换器的建立时间可达 1 μs。

③ 接口形式。D/A 转换器与单片机接口方便与否，主要决定于转换器本身是否带数据锁存器。总的来说有两类 D/A 转换器。一类是不带锁存器的，另一类是带锁存器的。对于不带锁存器的 D/A 转换器，为了保存来自单片机的转换数据，接口时要另加锁存器，因此这类转换器必须接在口线上；而带锁存器的 D/A 转换器，可以把它看做是一个输出口，因此可以直接接在数据总线上，而不需另加锁存器。

4. 典型 D/A 转换器芯片 DAC0832

DAC0832 是一个 8 位 D/A 转换器。单电源供电，从 +5 ~ +15 V 均可正常工作。基准电压的范围为 ±10 V；电流建立时间为 1 μs；CMOS 工艺，低功耗 20 mW。

DAC0832 转换器芯片为 20 引脚，双列直插式封装。其引脚排列如图 15－2 所示。

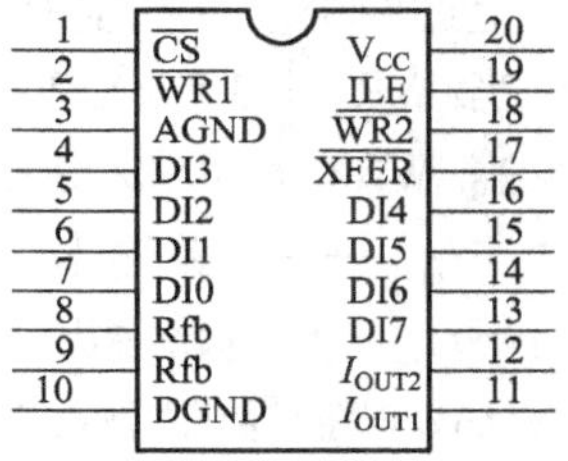

DAC0832 内部结构框图如图 15－3 所示。

该转换器由输入寄存器和 DAC 寄存器构成两级数据输入锁存。使用时数据输入可以采用两级锁存（双锁存）形式，或单级锁存（一级锁存，一级直通）形式，或直接输入（两级直通）形式。

图 15－2　DAC0832 引脚排列

此外，由三个与门电路组成寄存器输出控制逻辑电路，该逻辑电路的功能是进行数据锁存控制：当/LE ＝ 0 时，输入数据被锁存；当/LE ＝ 1 时，锁存器的输出跟随输入。

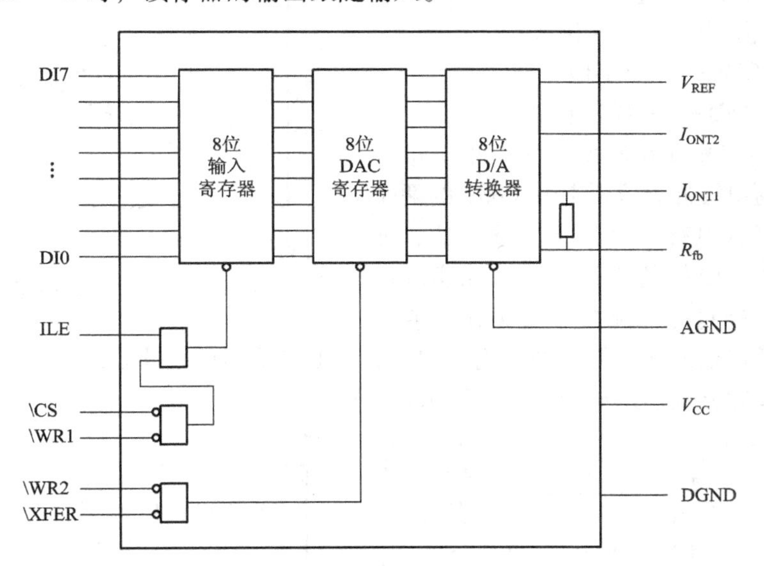

图 15－3　DAC0832 内部结构框图

D/A 转换电路是一个 R－2R T 型电阻网络，实现 8 位数据的转换。

对各引脚信号说明如下：

· DI_7 ~ DI_0——转换数据输入。

· /CS——片选信号（输入），低电平有效。

· ILE——数据锁存允许信号（输入）。高电平有效。

· /WR_1——第 1 写信号（输入），低电平有效。

上面两个信号控制输入寄存器是数据直通方式还是数据锁存方式：

当 ILE = 1 和/WR_1 = 0 时，为输入寄存器直通方式。

当 ILE = 1 和/WR_1 = 1时，为输入寄存器锁存方式。

·/WR2——第 2 写信号（输入），低电平有效。

·/XFER——数据传送控制信号（输入），低电平有效。

上述两个信号控制 DAC 寄存器是数据直通方式还是数据锁存方式：

当/WR_2 = 0 和/XFER = 0 时，为 DAC 寄存器直通方式。

当/WR2 = 1 和/XFER = 0 时，为 DAC 寄存器锁存方式。

·I_{out1}——电路输出

·I_{out2}——电路输出

DAC 转换器的特性之一是：$I_{out1}+I_{out2}=$ 常数。

·R_{fb}——反馈电阻端

0832 是电流输出，为了取得电压输出，需在电压输出端接运算放大器，R_{fb}即为运算放大器的反馈电阻端。运算放大器的接法如图 15－4 所示。

·VREF——基准电压，其电压可正可负，范围为 －10～＋10 V。

·DGND——数字地

·AGND——模拟地

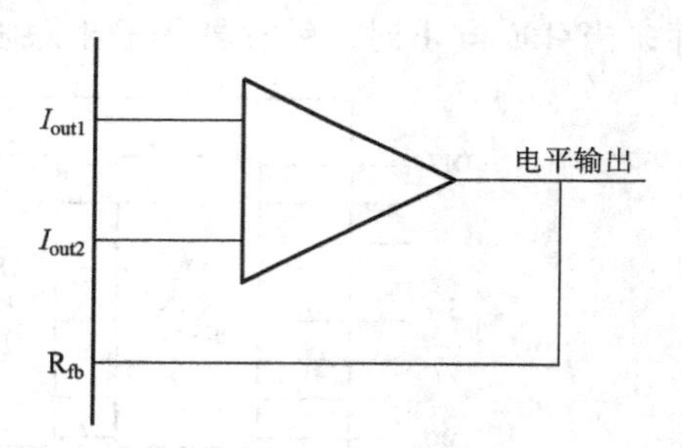

图 15－4　运算放大器接法

5. 单缓冲方式的接口与应用

所谓单缓冲方式就是使 0832 的两个输入寄存器中有一个处于直通方式，而另一个处于受控的锁存方式。在实际应用中，如果只有一路模拟量输出，或虽有几路模拟量但并不要求同步输出的情况，就可采用单缓冲方式。

单缓冲方式连接如图 15－5 所示。

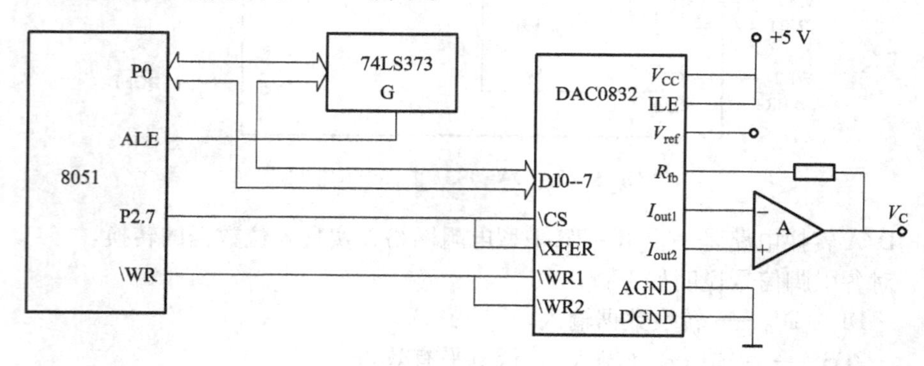

图 15－5，单缓冲方式连接

为使 DAC 寄存器处干直通方式，应使/WR_2 = 0 和/XFER = 0。为此在电路中把这两个信号固定接地。

为使输入寄存器处于受控锁存方式，应把/WR_1 接8051 的/WR，ILE 接高电平。此外还应把/CS 接译码输出，以便为输入寄存器确定地址。

其他如数据线连接及地址锁存等问题不再多述。

软件知识

1. 基本指令1

表15－1 为基本指令1。

表15－1　基本指令1

功　能	指　令	举　例	
		指　令	功　能
数据传送指令	MOV A,#data	MOV A,　#10H	把立即数10H送给ACC
ROM传送指令	MOVC A,@A＋DPTR	MOVC A,@A＋DPTR	将A＋DPTR为地址的数据送至A
A不等“0”转移	JNZ　标号	JNZ　DEONE1	A不等“0”则转至DEONE1，否则顺序执行
Rn减一不等“0”转移	DJNZ　Rn,标号	DJNZ　R0　,DEL1	R0减一不等“0”转至DEL1，否则顺序执行
根据端口状态进行转移操作	JB bit，标号	JB　P3.2,EXITAD	如果P3.2为状态“1”，则转移至EXITAD，如果P3.2为状态“0”，则顺序执行
	JNB bit，标号	JNB P3.3,DEONE	如果P3.3为状态“0”，则转移至DEONE，如果P3.3为状态“1”，则顺序执行

需要说明的是：以上几条指令都是读引脚的指令，关于读引脚和读锁存器的区别，见任务四的相关部分。

2. 基本指令2

表15－2 为基本指令2。

表 15－2　基本指令 2

功　能	指　令	举　例	
		指　令	功　能
绝对跳转	LJMP 标号	LJMP　LOOP	跳转至 LOOP
无条件调用及返回	LCALL 标号	LCALL DEL	调用 DEL 子程序
	RET	RET	从子程序返回
加减指令	ADD　A，#data	ADD　A，#10H	A 中的数加 10H
	SUBB　A，#data	SUBB　A，#10H	A 中的数减 10H

实训内容与步骤

数模转换程序。

参考程序如下：

```
ORG      0000H                  ；定位伪指令，指定下一条指令的
                                ；地址，第一条指令必须放在0000H
         MOV   60H   ,#00H
LOOP：   LCALL   DISP
         LCALL   KEY
         LJMP   LOOP
KEY：    JNB   P3.2,KEY1
         JNB   P3.3,KEY2
KEYEXIT：RET
KEY1：   LCALL   DEL
         JB      P3.2,KEYEXIT
         MOV   A    ,60H
         ADD    A   ,#10H
         MOV    60H,A
         MOV    P0   ,A          ；送至 P0 口用来进行 DA 变换
KEY11：  JNB    P3.2, $
         LCALL DEL
         JNB    P3.2,KEY11
         LJMP   KEYEXIT
KEY2：   LCALL DEL
         JB      P3.3,KEYEXIT
```

```
          MOV   A   ,60H
          CLR   C
          SUBB  A   ,#10H
          MOV   60H,A
          MOV   P0  ,A                  ; 送至P0口用来进行DA变换
KEY22:    JNB   P3.3, $
          LCALL DEL
          JNB   P3.3,KEY22
          LJMP  KEYEXIT
DISP:     MOV   DPTR,#TAB               ; 将段码表的首址送给DPTR
          MOV   A     ,60H              ; 取所要显示的数据
          MOV   B     ,#16
          DIV   AB                      ; 取高四位
          MOVC A      ,@A+DPTR          ; 查表取字形段码
          MOV   P1    ,A                ; 将要显示的断码送到显示口显示
                                        ; 下面的为段码表
TAB: DB 0C0H,0F9H,0A4H,0B0H,99H  ,92H  ,82H,0F8H,
     DB 80H  ,90H  ,88H  ,83H  ,0C6H,0A1H,86H,8EH,
          END                           ; 结束伪指令
```

把这段程序在WAVE6000中编辑、汇编，用软件仿真运行、调试无误，把得到bin格式或者hex格式的目标文件，通过烧录器或者下载线，保存到单片机的程序存储器中。把单片机插入实验板插座里，上电运行，按下按键，观察LED灯的明暗程度和电压表的读数变化。

拓展训练

编写程序实现输出三角波或锯齿波。

附录A　MCS－51指令表

类别	指令代码	指令格式	功能简述	字节数	周期
数据传送类指令期	74 __	MOV A,#data	立即数送累加器	2	1
	E8 ~ EF	MOV A,Rn	工作寄存器送累加器	1	1
	E5 __	MOV A,direct	直接寻址片内单元(含 SFR)送累加器	2	1
	E6 ~ E7	MOV A,@ Ri	间接寻址片内 RAM 单元送累加器	1	1
	F8 ~ FF	MOV Rn,A	累加器送工作寄存器	1	1
	78 ~ 7F __	MOV Rn,#data	立即数送工作寄存器	2	1
	A8 ~ AF	MOV Rn,direct	直接寻址片内单元送工作寄存器	2	2
	F5 __	MOV direct,A	累加器送直接寻址片内单元	2	1
	88 ~ 8F __	MOV direct,Rn	寄存器送直接寻址片内单元	2	2
	75 __ __	MOV direct,#data	立即数送直接寻址片内单元	3	2
	86 ~ 87 __	MOV direct,@ Ri	内部 RAM 单元送直接寻址片内单元	2	2
	85 d2 d1	MOV direct1,direct2	直接寻址片内单元 2 送片内单元 1	3	2
	F6 ~ F7	MOV @ Ri,A	累加器送间接寻址片内 RAM 单元	1	1
	76 ~ 77	MOV @ Ri,#data	立即数送间接寻址片内 RAM 单元	2	1
	A6 ~ A7	MOV @ Ri,direct	直接寻址单元送间址片内 RAM 单元	2	2
	90 __ __	MOV DPTR,#data16	16 位立即数送数据指针	3	2
	E2 ~ E3	MOVX A,@ Ri	外部 RAM 单元送累加器(8 位地址)	1	2

续表

类别	指令代码	指令格式	功能简述	字节数	周期
数据传送类指令期	F2～F3	MOVX @Ri,A	累加器送外部 RAM 单元(8 位地址)	1	2
	E0	MOVX A,@DPTR	外部 RAM 单元送累加器(16 位址)	1	2
	F0	MOVX @DPTR,A	累加器送外部 RAM 单元(16 位址)	1	2
	93	MOVC A,@A＋DPTR	查表数据送累加器(DPTR 为基址)	1	2
	83	MOVC A,@A＋PC	查表数据送累加器(当前 PC 值为基址)	1	2
	C8～CF	XCH A,Rn	累加器与工作寄存器交换	1	1
	C6～C7	XCH A,@Ri	累加器与间接寻址片内 RAM 单元交换	1	1
	C5 __	XCH A,direct	累加器与直接寻址片内单元交换	2	1
	D6～D7	XCHD A,@Ri	累加器与间址片内 RAM 单元低 4 位交换	1	1
	C4	SWAP A	累加器高 4 位与低 4 位交换	1	1
	C0 __	PUSH direct	直接寻址片内单元内容压入栈顶 SP←SP＋1,(SP)←(direct)	2	2
	D0 __	POP direct	弹出栈顶单元数据送直接寻址片内单元 (direct)←(SP), SP←SP－1	2	2
算术运算类指令	28～2F	ADD A,Rn	累加器加工作寄存器	1	1
	26～27	ADD A,@Ri	累加器加间址片内 RAM 单元	1	1
	25 __	ADD A,direct	累加器加直接寻址片内单元	2	1
	24 __	ADD A,#data	累加器加立即数	2	1
	38～3F	ADDC A,Rn	累加器加工作寄存器和进位标志	1	1

续表

类别	指令代码	指令格式	功能简述	字节数	周期
算术运算类指令	36 ~ 37	ADDC A,@Ri	累加器加间址片内 RAM 单元和进位标志	1	1
	34 __	ADDC A,#data	累加器加立即数和进位标志	2	1
	35 __	ADDC A,direct	累加器加直接寻址片内单元和进位标志	2	1
	98 ~ 9F	SUBB A,Rn	累加器减工作寄存器和进位标志	1	1
	96 ~ 97	SUBB A,@Ri	累加器减间址片内 RAM 单元和进位标志	1	1
	94 __	SUBB A,#data	累加器减立即数和进位标志	2	1
	95 __	SUBB A,direct	累加器减直接寻址片内单元和进位标志	2	1
	04	INC A	累加器加 1	1	1
	08 ~ 0F	INC Rn	工作寄存器加 1	1	1
	05 __	INC direct	直接寻址片内单元加 1	2	1
	06 ~ 07	INC @Ri	间址片内 RAM 单元加 1	1	1
	A3	INC DPTR	数据指针加 1	1	2
	14	DEC A	累加器减 1	1	1
	18 ~ 1F	DEC Rn	工作寄存器减 1	1	1
	16 ~ 17	DEC @Ri	间址片内 RAM 单元减 1	1	1
	15 __	DEC direct	直接寻址片内单元减 1	2	1
	A4	MUL AB	累加器乘寄存器 B	1	4
	84	DIV AB	累加器除以寄存器 B	1	4
	D4	DA A	十进制(BCD 码加法结果)调整	1	1
逻辑运算类指令	58 ~ 5F	ANL A,Rn	累加器按位与工作寄存器	1	1
	56 ~ 57	ANL A,@Ri	累加器按位与内部 RAM 单元	1	1
	54 __	ANL A,#data	累加器按位与立即数	2	1
	55 __	ANL A,direct	累加器按位与直接寻址单元	2	1
	52 __	ANL direct,A	直接寻址片内单元按位与累加器	2	1

续表

类别	指令代码	指令格式	功能简述	字节数	周期
逻辑运算类指令	53 __ __	ANL direct,#data	直接寻址片内单元按位与立即数	3	1
	48～4F	ORL A,Rn	累加器按位或工作寄存器	1	1
	46～47	ORL A,@Ri	累加器按位或片内RAM单元	1	1
	44 __	ORL A,#data	累加器按位或立即数	2	1
	45 __	ORL A,direct	累加器按位或直接寻址片内单元	2	1
	42 __	ORL direct,A	直接寻址片内单元按位或累加器	2	1
	43 __ __	ORL direct,#data	直接寻址片内单元按位或立即数	3	1
	68～6F	XRL A,Rn	累加器按位异或工作寄存器	1	1
	66～67	XRL A,@Ri	累加器按位异或片内RAM单元	1	1
	64 __	XRL A,#data	累加器按位异或立即数	2	1
	65 __	XRL A,direct	累加器按位异或直接寻址片内单元	2	1
	62 __	XRL direct,A	直接寻址片内单元按位异或累加器	2	1
	63 __ __	XRL direct,#data	直接寻址片内单元按位异或立即数	3	2
	23	RL A	累加器左循环移位	1	1
	33	RLC A	累加器连进位标志左循环移位	1	1
	03	RR A	累加器右循环移位	1	1
	13	RRC A	累加器连进位标志右循环移位	1	1
	F4	CPL A	累加器取反	1	1
	E4	CLR A	累加器清零	1	1
布尔操作类指令	A2 __	MOV C,bit	直接寻址位送进位标志C（位累加器）	2	1
	92 __	MOV bit,C	C送直接寻址位	2	1

续表

类别	指令代码	指令格式	功能简述	字节数	周期
逻辑运算类指令	C3	CLR C	C 清零	1	1
	C2 __	CLR bit	直接寻址位清零	2	1
	B3	CPL C	C 取反	1	1
	B2 __	CPL bit	直接寻址位取反	2	1
	D3	SETB C	C 置位	1	1
	D2 __	SETB bit	直接寻址位置位	2	1
	82 __	ANL C,bit	C 逻辑与直接寻址位	2	2
	B0 __	ANL C,/ bit	C 逻辑与直接寻址位的反	2	2
	72 __	ORL C,bit	C 逻辑或直接寻址位	2	2
	A0 __	ORL C,/ bit	C 逻辑或直接寻址位的反	2	2
控制转移类指令	02 __ __	LJMP addr16	64 KB 范围内长转移	3	2
	*1 __	AJMP addr11	2 KB 范围内绝对转移(改变 PC 的 A10 ~ A0)	2	2
	80 __	SJMP rel	相对短转移 (PC = PC + rel)	2	2
	73	JMP @A + DPTR	变址长转移	1	2
	12 __ __	LCALL addr16	64 KB 范围内长调用	3	2
	*1 __	ACALL addr11	2 KB 范围内绝对调用 (改变 PC 的 A10 ~ A0)	2	2
	22	RET	返回	1	2
	32	RETI	中断(服务子程序)返回	1	2
	60 __	JZ rel	累加器为零转移	2	2
	70 __	JNZ rel	累加器非零转移	2	2
	40 __	JC rel	C 为 1 转移	2	2
	50 _	JNC rel	C 为 0 转移	2	2
	20 __ __	JB bit,rel	直接寻址位为 1 转移	3	2
	30 __ __	JNB bit,rel	直接寻址为 0 转移	3	2
	10 __ __	JBC bit,rel	直接寻址位为 1 转移并清该位为 0	3	2
	B4 __ __	CJNE A,#data,rel	累加器与立即数不等转移	3	2

续表

类别	指令代码	指令格式	功能简述	字节数	周期
控制转移类指令	B5 __ __	CJNE A,direct,rel	累加器与直接寻址片内单元不等转移	3	2
	B8～BF __ __	CJNE Rn,#data,rel	工作寄存器与立即数不等转移	3	2
	B6～B7 __ __	CJNE @Ri,#data,rel	片内 RAM 单元与立即数不等转移	3	2
	D8～DF __ __	DJNZ Rn,rel	工作寄存器减 1 不为零转移	2	2
	D6 __ __	DJNZ direct ,rel	直接寻址单元减 1 不为零转移	3	2
	00	NOP	空操作	1	1

附录 B　MCS－51 指令代码(操作码)速查表

高四位

↓　　→　低四位

	0	1	2	3	4	5	6～7	8～F
0	NOP	AJMP0	LJMP addr16	RR A	INC A	INC dir	INC @Ri	INC Rn
1	JBC bit,rel	ACALL0	LCALL addr16	RRC A	DEC A	DEC dir	DEC @Ri	DEC Rn
2	JB bit,rel	AJMP1	RET	RL A	ADD A,#data	ADD A,dir	ADD A,@Ri	ADD A,Rn
3	JNB bit,rel	ACALL	RETI	RLC A	ADDC A,#data	ADDC A,dir	ADDC A,@Ri	ADDC A,Rn
4	JC rel	AJMP2	ORL dir,A	ORL dir,#data	ORL A,#data	ORL A,dir	ORL A,@Ri	ORL A,Rn
5	JNC rel	ACALL2	ANL dir,a	ANL dir,#data	ANL A,#data	ANL A,dir	ANL A,@Ri	ANL A,Rn
6	JZ rel	AJMP 3XX	XRL dir,A	XRL dir,#data	XRL A,#data	XRL A,dir	XRL A,@Ri	XRL A,Rn
7	JNZ rel	ACALL 3XX	ORL C,bit	JMP @A+DPTR	MOV A,#data	MOV dir,#data	MOV @Ri,#data	MOV Rn,#data
8	SJMP rel	AJMP 4XX	ANL C,bit	MOVC A,@A+PC	DIV A,B	MOV dir1,dir2	MOV dir,@Ri	MOV dir,Rn
9	MOV DPTR,# data	ACALL 4XX	MOV bit,C	MOVC A,@A+DPIR	SUBB A,#data	SUBB A,#dir	SUBB A,@Ri	SUBB A,Rn
A	ORL C,/bit	AJMP 5XX	MOV C,bit	INC DPTR	MUL AB		MOV @Ri,dir	MOV Rn,dir
B	ANL C,/bit	ACALL 5XX	CPL bit	CPL C	CJNE A,#data,rel	CJNE A,dir,rel	CJNE @Ri,#data,rel	CJNE Rn,#data,rel
C	PUSH dir	AJMP 6XX	CLR bit	CLR C	SWAP A	XCH A,dir	XCH A,@Ri	XCH A,Rn

续表

	0	1	2	3	4	5	6～7	8～F
D	POP dir	ACALL 6XX	SETB bit	SETB C	DA A	DJNZ dir,rel	XCHD A, @Ri	DJNZ Rn,rel
E	MOVX A, @DPTR	AJMP 7XX	MOVX A, @R0	MOVX A, @R1	CLR A	MOV A,dir	MOV A, @Ri	MOV A,Rn
F	MOVX @DPTR,A	ACALL 7XX	MOVX @R0,A	MOVX @R1,A	CPL A	MOV dir,A	MOV @Ri,A	MOV Rn,A
	0	1	2	3	4	5	6～7	8～F

↑ → 低四位
高四位

附录 C　按字母顺序的 MCS-51 指令表

助记符		功　能	字节数	机器周期
ACALL	addr11	绝对（短）调用子程序	2	2
ADD	A，Rn	寄存器内容加到累加器	1	1
ADD	A，direct	直接地址单元的内容加到累加器	2	1
ADD	A，@Ri	间接 ROM 的内容加到累加器	1	1
ADD	A，#data	立即数加到累加器	2	1
ADDC	A，Rn	寄存器内容带进位加到累加器	1	1
ADDC	A，direct	直接地址单元的内容带进位加到累加器	2	1
ADDC	A，@Ri	间接 ROM 的内容带进位加到累加器	1	1
ADDC	A，#data	立即数带进位加到累加器	2	1
AJMP	addr11	绝对（短）转移	2	2
ANL	C，bit	进位位和直接地址位相“与”	2	2
ANL	C，bit	进位位和直接地址位的反码相“与”	2	2
ANL	A，Rn	累加器与寄存器相“与”	1	1
ANL	A，direct	累加器与直接地址单元相“与”	2	1
ANL	A，@Ri	累加器与间接 RAM 单元相“与”	1	1
ANL	A，#data	累加器与立即数相“与”	2	1
ANL	direct，A	直接地址单元与累加器相“与”	2	1
ANL	direct，#data	直接地址单元与立即数相“与”	3	2
CJNE	A，direct，rel	累加器与直接地址单元比较，不相等则转移	3	2
CJNE	A，#data，rel	累加器与立即数比较，不相等则转移	3	2
CJNE	Rn，#data，rel	寄存器与立即数比较，不相等则转移	3	2
CJNE	@Ri,#data,rel	间接 RAM 单元与立即数比较，不相等则转移	3	2
CLR	C	清进位位	1	1
CLR	bit	清直接地址位	2	1
CLR	A	累加器清“0”	1	1
CPL	C	进位位求反	1	1

续表

助记符		功　　能	字节数	机器周期
CPL	bit	置直接地址位求反	2	1
CPL	A	累加器求反	1	1
DA	A	累加器十进制调整	1	1
DEC	A	累加器减 1	1	1
DEC	Rn	寄存器减 1	1	1
DEC	direct	直接地址单元减 1	2	1
DEC	@ Rj	间接 RAM 单元减 1	1	1
DIV	AB	A 除以 B	1	4
DJNZ	Rn，rel	寄存器减 1，非零转移	3	2
DJNZ	direct，erl	直接地址单元减 1，非零转移	3	2
INC	A	累加器加 1	1	1
INC	Rn	寄存器加 1	1	1
INC	direct	直接地址单元加 1	2	1
INC	@ Ri	间接 RAM 单元加 1	1	1
INC	DPTR	地址寄存器 DPTR 加 1	1	2
JB	bit，rel	直接地址位为 1 则转移	3	2
JBC	bit，rel	直接地址位为 1 则转移，该位清零	3	2
JC	rel	进位位为 1 则转移	2	2
JMP	@ A + DPTR	相对于 DPTR 的间接转移	1	2
JNB	bit，rel	直接地址位为 0 则转移	3	2
JNC	rel	进位位为 0 则转移	2	2
JNZ	rel	累加器非零转移	2	2
JZ	rel	累加器为零转移	2	2
LCALL	addr16	长调用子程序	3	2
LJMP	addr16	长转移	3	2
MOV	A，Rn	寄存器内容送入累加器	1	1
MOV	A，direct	直接地址单元中的数据送入累加器	2	1
MOV	A，@ Ri	间接 RAM 中的数据送入累加器	1	1
MOV	A，#tata	立即数送入累加器	2	1

续表

助记符		功　能	字节数	机器周期
MOV	Rn，A	累加器内容送入寄存器	1	1
MOV	Rn，direct	直接地址单元中的数据送入寄存器	2	2
MOV	Rn，#data	立即数送入寄存器	2	1
MOV	direct，A	累加器内容送入直接地址单元	2	1
MOV	direct，Rn	寄存器内容送入直接地址单元	2	2
MOV	direct，direct	直接地址单元中的数据送入另一个直接地址单元	3	2
MOV	direct，@ Ri	间接 RAM 中的数据送入直接地址单元	2	2
MOV	direct，#data	立即数送入直接地址单元	3	2
MOV	@ Ri，A	累加器内容送间接 RAM 单元	1	1
MOV	@ Ri，direct	直接地址单元数据送入间接 RAM 单元	2	2
MOV	@ RI，#data	立即数送入间接 RAM 单元	2	1
MOV	DRTR，#dat16	16 位立即数送入地址寄存器	3	2
MOV	C，bit	直接地址位送入进位位	2	1
MOV	bit，C	进位位送入直接地址位	2	2
MOVC	A，@ A + DPTR	以 DPTR 为基地址变址寻址单元中的数据送入累加器	1	2
MOVC	A，@ A + PC	以 PC 为基地址变址寻址单元中的数据送入累加器	1	2
MOVX	A，@ Ri	外部 RAM（8 位地址）送入累加器	1	2
MOVX	A，@ DPTR	外部 RAM（16 位地址）送入累加器	1	2
MOVX	@ Ri，A	累计器送外部 RAM（8 位地址）	1	2
MOVX	@ DPTR，A	累计器送外部 RAM（16 位地址）	1	2
MUL	AB	A 乘以 B	1	4
NOP		空操作	1	1
ORL	C，bit	进位位和直接地址位相“或”	2	2
ORL	C，bit	进位位和直接地址位的反码相“或”	2	2
ORL	A，Rn	累加器与寄存器相“或”	1	1
ORL	A，direct	累加器与直接地址单元相“或”	2	1

续表

助记符		功　能	字节数	机器周期
ORL	A，@ Ri	累加器与间接 RAM 单元单元相“或”	1	1
ORL	A，#data	累加器与立即数相“或”	2	1
ORL	direct，A	直接地址单元与累加器相“或”	2	1
ORL	direct，#data	直接地址单元与立即数相“或”	3	2
POP	direct	弹栈送直接地址单元	2	2
PUSH	direct	直接地址单元中的数据压入堆栈	2	2
RET		子程序返回	1	2
RETI		中数返回	1	2
RL	A	累加器循环左移	1	1
RLC	A	累加器带进位位循环左移	1	1
RR	A	累加器循环右移	1	1
RRC	A	累加器带进位位循环右移	1	1
SETB	C	置进位位	1	1
SETB	bit	置直接地址位	2	1
SJMP	rel	相对转移	2	2
SUBB	A，Rn	累加器带借位减寄存器内容	1	1
SUBB	A，direct	累加器带借位减直接地址单元的内容	2	1
SUBB	A，@ Ri	累加器带借位减间接 RAM 中的内容	1	1
SUBB	A，#data	累加器带借位减立即数	2	1
SWAP	A	累加器半字节交换	1	1
XCH	A，Rn	寄存器与累加器交换	1	1
XCH	A，direct	直接地址单元与累加器交换	2	1
XCH	A，@ Ri	间接 RAM 与累加器交换	1	1
XCHD	A，@ Ri	间接 RAM 的低半字节与累加器交换	1	1
XRL	A，Rn	累加器与寄存器相“异或”	1	1
XRL	A，direct	累加器与直接地址单元相“异或”	2	1
XRL	A，@ Ri	累加器与间接 RAM 单元单元相“异或”	1	1
XRL	A，#data	累加器与立即数相“异或”	2	1
XRL	direct，A	直接地址单元与累加器相“异或”	2	1
XRL	direct，#data	直接地址单元与立即数相“异或”	3	2